Gallo Sow
Dominique Bordat
Karamoko Diarra

Gestion intégrée des ravageurs en production maraîchère

AF190431

Gallo Sow
Dominique Bordat
Karamoko Diarra

Gestion intégrée des ravageurs en production maraîchère

Cas de Plutella xylostella L. (Lepidoptera : Plutellidae), principal ravageur du chou

Presses Académiques Francophones

Impressum / Mentions légales

Bibliografische Information der Deutschen Nationalbibliothek: Die Deutsche Nationalbibliothek verzeichnet diese Publikation in der Deutschen Nationalbibliografie; detaillierte bibliografische Daten sind im Internet über http://dnb.d-nb.de abrufbar.

Alle in diesem Buch genannten Marken und Produktnamen unterliegen warenzeichen-, marken- oder patentrechtlichem Schutz bzw. sind Warenzeichen oder eingetragene Warenzeichen der jeweiligen Inhaber. Die Wiedergabe von Marken, Produktnamen, Gebrauchsnamen, Handelsnamen, Warenbezeichnungen u.s.w. in diesem Werk berechtigt auch ohne besondere Kennzeichnung nicht zu der Annahme, dass solche Namen im Sinne der Warenzeichen- und Markenschutzgesetzgebung als frei zu betrachten wären und daher von jedermann benutzt werden dürften.

Information bibliographique publiée par la Deutsche Nationalbibliothek: La Deutsche Nationalbibliothek inscrit cette publication à la Deutsche Nationalbibliografie; des données bibliographiques détaillées sont disponibles sur internet à l'adresse http://dnb.d-nb.de.

Toutes marques et noms de produits mentionnés dans ce livre demeurent sous la protection des marques, des marques déposées et des brevets, et sont des marques ou des marques déposées de leurs détenteurs respectifs. L'utilisation des marques, noms de produits, noms communs, noms commerciaux, descriptions de produits, etc, même sans qu'ils soient mentionnés de façon particulière dans ce livre ne signifie en aucune façon que ces noms peuvent être utilisés sans restriction à l'égard de la législation pour la protection des marques et des marques déposées et pourraient donc être utilisés par quiconque.

Coverbild / Photo de couverture: www.ingimage.com

Verlag / Editeur:
Presses Académiques Francophones
ist ein Imprint der / est une marque déposée de
OmniScriptum GmbH & Co. KG
Heinrich-Böcking-Str. 6-8, 66121 Saarbrücken, Deutschland / Allemagne
Email: info@presses-academiques.com

Herstellung: siehe letzte Seite /
Impression: voir la dernière page
ISBN: 978-3-8381-7487-7

Préface

La population mondiale a dépassé les 7 milliards depuis 2011. Si ce rythme de croissance démographique se poursuit, elle passera à 9 milliards d'habitants en 2050. En conséquence, la demande alimentaire en céréales et en fruits et légumes devra croitre dans le même ordre. La population du Sénégal avec une croissance moyenne annuelle de 2,6% sera de 18,9 millions d'habitants en 2030 et devra faire face à une forte demande en produits alimentaires en quantité et en qualité. Notre agriculture se doit donc de répondre à cette demande avec moins de terre, d'eau et de main d'œuvre. Si les aliments de base du sénégalais se trouvent dans les céréales comme le mil, le riz et le maïs, les fruits et légumes comme le chou pommé, chou-fleur, l'oignon, la tomate, l'amarante sont aussi importants pour l'équilibre nutritionnel des populations. En effet, ces fruits et légumes sont des sources de nutriments, de vitamines et de minéraux nécessaires à la santé.

Au Sénégal comme dans les pays en voie d'émergence économique, les maraîchers utilisent essentiellement les insecticides chimiques de synthèse pour protéger leur production. La culture du chou pommé est l'activité agricole dont l'utilisation des insecticides est très importante au regard de la pression des insectes ravageurs. Les résidus de pesticides dans ce légume sont devenus une préoccupation sérieuse pour les Autorités. Il urge donc de sensibiliser les acteurs de cette filière pour une utilisation raisonnée de pesticides par une gestion intégrée des déprédateurs. C'est dans cette voie que s'est engagé Dr Gallo Sow dans la préparation de son ouvrage intitulé : *Gestion intégrée des ravageurs en production maraîchère : Cas de Plutella xylostella L. (Lepidoptera : Plutellidae), principal ravageur du chou*. Les différentes études menées dans ce cadre ont concerné la connaissance des aspects de biologie de la teigne du chou, de son parasitisme naturel et de l'utilisation des produits alternatifs aux pesticides pour une gestion durable du déprédateur et respectueuse de l'environnement. Cet ouvrage est une contribution importante pour la science. En outre, il facilite la mise en œuvre de la lutte intégrée contre ce ravageur du chou pommé au Sénégal. Les résultats obtenus constituent de bonnes références pour les étudiants, les agents de développement et du conseil agricole, ainsi que pour les chercheurs.

Dr Emile Victor COLY

Directeur de Recherches

Directeur de la Protection des Végétaux

Table des matiéres

Liste des figures

Liste des tableaux

"Il n'est pas d'un homme raisonnable de blâmer

par caprice l'étude des insectes,

ni de s'en dégoûter par la considération des peines qu'elle donne.

La nature ne renferme rien de bas.

Tout y est sublime, tout y est digne d'admiration."

Aristote

Introduction générale

Les Brassicacées sont parmi les plus importantes cultures alimentaires de la planète, développées sur une superficie de 37 millions d'hectares en 2011, avec une production annuelle de 152 millions de tonnes uniquement pour le chou, le chou-fleur et le colza (FAOSTAT 2013). Cette famille botanique est l'une des plus importantes économiquement (Feeny 1977). Le continent asiatique constitue la plus grande zone de production de ces cultures (Grzywacz et al. 2010). Elle comprend 350 genres et 3500 espèces cultivées et sauvages (Warwick et al. 2003). Parmi ces espèces cultivées, les choux constituent une importante source alimentaire et de revenus pour les populations rurales et urbaines en termes de production, de commercialisation et de transformation (Grzywacz et al. 2010). Ils contribuent aujourd'hui à plus de 26 milliards $ US dans l'économie mondiale (FAOSTAT 2012). En Afrique de l'Ouest, les choux sont cultivés sur 13900 hectares avec une production annuelle estimée à 140500 tonnes (FAOSTAT 2003).

Toutefois, la production des choux est sérieusement affectée par un insecte ravageur communément appelé la teigne des Crucifères, *Plutella xylostella* L. (Lepidoptera: Plutellidae) qui peut causer des pertes énormes estimées à plus de 90% de la production totale (Talekar and Shelton 1993; Verkerk and Wright 1996; Shelton 2004; Sarfraz et al. 2005). Au Sénégal, ce taux est estimé entre 51 et 94 % selon la direction de l'horticulture. En zone tropicale, on peut observer plus de 25 générations par an (Rowell et al. 2005; Grzywacz et al. 2010) rendant ainsi sa gestion difficile. Cette espèce oligophage se nourrit exclusivement des plantes de la famille des Brassicacées (ex : Crucifères). L'insecte est attiré par les composés soufrés (essentiellement des glucosinolates : sinigrine, sinalbine, myrosine, isothiocyanate d'allyle) que contiennent ces espèces végétales. Ces composés constituent des phagostimulants pour les chenilles et des stimulants de l'oviposition chez les femelles (Gupta and Thornsteinson 1960 ; Justus and Mitchel 1996 ; Spencer 1996).

L'emploi des insecticides organiques de synthèse constitue la principale méthode de lutte contre cet insecte (Kibata 1996). Cependant, ces pesticides peuvent entrainer plusieurs problèmes environnementaux et sanitaires tels que l'intoxication des producteurs et des consommateurs, l'élimination des ennemis naturels de la teigne, l'augmentation du coût de production et l'apparition de souches résistantes (Hooks and Johnson 2003 ; Macharia et al. 2005 ; Sarfraz and Keddie 2005 ; Shelton et al. 2007 ; Huang et al. 2010). *Plutella xylostella* est aussi le premier insecte ravageur à développer une résistance aux biopesticides à base de *Bacillus thuringiensis* Berliner au champ (Tabashnik et al. 1990; Iqbal et al. 1996). Le phénomène de résistance aux insecticides est un sérieux problème en zones tropicales dont en Afrique Sub-Sahara (Kibata 1997; Sereda et al. 1997), mais aussi dans les zones tempérées (Talekar and Yang 1993).

Il devient donc nécessaire de trouver des méthodes alternatives permettant de maintenir le contrôle des populations de *P. xylostella* sans présenter les problèmes environnementaux des insecticides (Tabashnik et al. 1987). La tendance est actuellement à la lutte intégrée qui associe la lutte chimique utilisée de façon raisonnée à d'autres types de lutte (variétale, agronomique, biologique...). Elle permet de lutter contre ce ravageur en abaissant sa population à un niveau inférieur au seuil économique tout en tenant compte des facteurs extérieurs (environnement, entomofaune). Aujourd'hui, les programmes de gestion intégrée des populations de *P. xylostella* sont basés essentiellement sur la lutte biologique qui constitue une alternative durable à la lutte chimique classique (Hill and Foster 2003).

La lutte biologique utilise des entomopathogènes, des parasitoïdes et des prédateurs ; elle est la méthode la plus efficace contre les populations du ravageur résistantes aux insecticides (Lim 1992). Les produits à base de *Bacillus thuringiensis* (Bt) et d'insecticides naturels dont les extraits de Neem (*Azadirachta indica*) constituent actuellement des alternatives efficaces et respectueuses de l'environnement (Charleston et al. 2006 ; Ling et al. 2008 ; Grzywacz et al. 2010). Bien que ces produits constituent des palliatifs aux pesticides chimiques, l'optimisation de leur application et la prise en compte du cortège parasitaire de *P. xylostella* sont souvent négligées.

En effet, la lutte biologique utilisant les parasitoïdes peut être améliorée considérablement grâce à la connaissance de la biologie et de l'écologie de ces ennemis naturels (Martínez-Castillo et al. 2002). L'étude de la biologie et du comportement des parasitoïdes a d'abord été motivée par leur intérêt en tant qu'auxiliaires dans les programmes de lutte biologique (Van Alphen and Jervis 1996). Parmi ces ennemis naturels, *Oomyzus sokolowskii* Kurdjumov (Hymenoptera : Eulophidae), constitue un potentiel agent de lutte biologique contre la teigne des Crucifères (Fitton and Walker 1992). Cette espèce est un endoparasitoïde naturel de la teigne à travers le monde (Wang et al. 1999 ; Ferreira et al. 2003) et en particulier au Sénégal (Sall-Sy 2005 ; Sow and Diarra 2013).

Il est important d'étudier la compatibilité des approches intégrées, telles que la lutte biologique avec l'application de pesticides naturels pour une gestion efficiente et durable des populations de *P. xylostella*. En outre, l'insuffisance de données sur cet insecte d'importance économique et ses auxiliaires dans notre pays justifie le choix de notre thème d'étude.

L'objectif général de ce travail est de contribuer à la sécurité alimentaire et la réduction des dégats causés par la teigne des Crucifères grâce à une approche de gestion intégrée et durable du ravageur dans le respect de l'environnement par la réduction de l'utilisation des insecticides chimiques de synthèse.

Les objectifs spécifiques sont les suivants :

- Evaluer l'impact des facteurs climatiques (saison, pluviométrie, température) et de la plante hôte sur la dynamique des populations de *P. xylostella* et les parasitoïdes endémiques dans la zone des Niayes.
- Etudier la biologie du parasitoïde *Oomyzus sokolowskii* en conditions de laboratoire
- Evaluer la performance du parasitoïde *O. sokolowskii* sur son hôte *P. xylostella* au laboratoire.
- Evaluer l'efficacité de l'entomopathogène *Bacillus thuringiensis*, des extraits de neem et du méthamidophos sur des larves de *P. xylostella* in vitro.
- Evaluer l'effet d'un traitement alterné *Bacillus thuringiensis* et Neem sur *P. xylostella* et ses ennemis naturels au champ.
- Déterminer l'effet du traitement alterné *Bacillus thuringiensis* et Neem sur les paramètres agronomiques du chou.

Cet ouvrage comporte sept chapitres présentés sous forme d'articles scientifiques.

Le chapitre 1 dresse un bilan synthétique des connaissances sur le ravageur *Plutella xylostella*, ses plantes hôtes, les méthodes de lutte et les insectes parasitoïdes.

Après ce chapitre de présentation générale du systéme tritrophique plante hôte-ravageur - parasitoïdes, le chapitre 2 relate les interrelations entre *Plutella xylostella*, les facteurs climatiques, la plante hôte et les ennemis naturels du ravageur en zone tropicale.

Dans le chapitre 3, nous étudierons les traits d'histoire de vie d'*Oomyzus sokolowskii* Kurdjumov (Hymenoptera : Eulophidae), parasitoïde de la teigne des Crucifères. Le chapitre 4 est consacré à l'étude de la performance du parasitoïde *Oomyzus sokolowskii* Kurdjumov (Hymenoptera : Eulophidae) sur son hôte *Plutella xylostella* (Lepidoptera : Plutellidae) en conditions de laboratoire.

Le chapitre 5 est consacré à l'étude de la toxicité de *Bacillus thuringiensis* Berliner, du Neem et du méthamodophos sur des stades larvaires de *P. xylostella* en conditions de laboratoire. Dans le chapitre 6, nous aborderons l'effet d'un traitement alterné *Bacillus thuringiensis* et Neem sur *P. xylostella* et ses effets sur les ennemis naturels de la teigne. Le chapitre 7 traite de l'effet du traitement alterné *Bacillus thuringiensis* et Neem sur les paramètres agronomiques du chou.

Enfin, une conclusion générale et des perspectives de recherche pouvant être développées à la suite de ce travail seront également présentées.

Chapitre 1

Etat des connaissances

I. Le ravageur : *Plutella xylostella* (L.)

1. Systématique

L'espèce *Plutella xylostella* (L.) est communément appelée la teigne des Brassicacées ou teigne des Crucifères. Elle a été décrite pour la première fois par Linné en 1758. Elle est parfois classée dans la famille des Yponomeutidae. Ayant subi plusieurs changements de nom, elle a longtemps été appelée *Plutella maculipennis* (Curtis 1832) avant d'acquérir son nom actuel (Moriuti 1986). Le genre comprend plus d'une douzaine d'espèces dont cinq sont d'importance économique.

La position systématique de *Plutella xylostella* (L.) est actuellement :

Embranchement : Arthropoda

Classe : Insecta

Ordre: Lepidoptera

Famille : Plutellidae

Genre: *Plutella*

Espèce : *xylostella*

2. Origine et répartition géographique

Son origine exacte est sujette à controverse. D'après Hardy (1938), Balachowsky (1966) et Talekar and Shelton (1993) *Plutella xylostella* serait originaire de la région méditerranéenne de l'Europe occidentale, zone d'origine du chou. De nombreuses espèces de parasitoïdes et de Brassicacées ont été recensées dans cette zone (Pichon 2004). Mais, plus récemment Kfir (1998) situe l'origine de cette espèce en Afrique du sud, en s'appuyant également sur la présence d'un grand nombre d'espèces de parasitoïdes et de Brassicacées endémiques dans cette région.

La répartition des populations de *Plutella xylostella* est mondiale (Chu 1986 ; Talekar and Shelton 1993). L'espèce est devenue cosmopolite suite au développement de la culture des Brassicacées dans le monde entier et elle se retrouve de nos jours dans 128 pays répartis sur cinq continents (Birot 1998). En Afrique, elle a été rencontrée pour la première fois en Gambie (Afrique de l'Ouest) et au Cap (Afrique du sud) en 1880 puis en Ethiopie en 1902, en Tanzanie en 1906 et au Zaïre (actuel RDC) en 1935 (Ngouembe 1990).

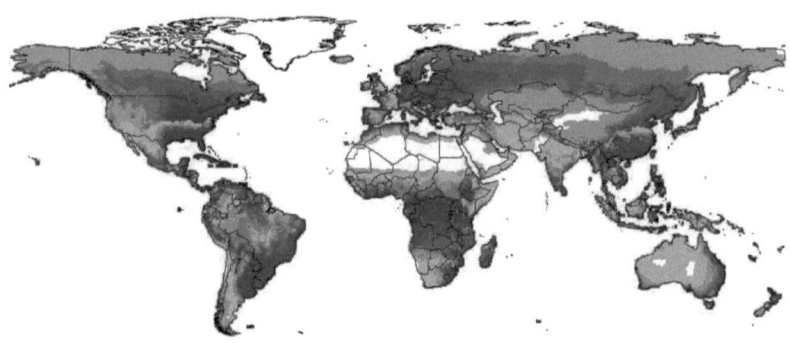

Figure 1: Carte de répartition de *Plutella xylostella* d'après Zalucki and Furlong (2011)

NB : Les zones en rouge indiquent la présence de *P. xylostella* toute l'année et en bleu, les zones où le ravageur ne persiste pas toute l'année.

3. Migrations

La migration d'une espèce d'insecte est un des facteurs importants dans l'extension de sa distribution (Pichon 1999). Grand migrateur ou accidentellement introduit, ce ravageur est devenu cosmopolite (Kfir 1998 ; Sorribas 1999). La propagation de *P. xylostella* dans le monde est due à l'extension des cultures de Brassicacées, mais aussi à la capacité de déplacement de l'espèce (Pichon 2004). En Malaisie, la présence de ce ravageur est due à une introduction de variétés de choux originaires de Chine, d'Inde et d'Europe (Ooi 1986). En dehors d'une propagation liée à celle des plantes hôtes, *P. xylostella* est un très grand migrateur, capable de franchir plus de 3000 km d'une traite à l'aide des vents, traversant ainsi de grandes étendues marines (Chu 1986). Ceci explique qu'on la retrouve régulièrement au Canada ou au nord du Japon (Hokkaido), où elle ne peut survivre en hiver mais où les vents du sud la ramènent tous les printemps (Harcourt 1957 ; Smith and Sears 1982 ; Honda 1992 ; Honda et al.1992).

Tableau 1: Migrations de *Plutella xylostella* (Shirai 1995)

Localités	Latitude	Saisons
Royaume-Uni	55° N	Fin Juin, 1958
	50-55° N	Fin Juin à début Juillet, 1958
	55-60° N	Mi-Juin, 1966
	60° N	Début Juin et fin Juillet, 1980
Norvège	80° N	Fin Juin, 1978
U.S.A	40° N	Fin Avril, 1936
Canada	50-60° N	Fin Mai, 1955
	45-50° N	Mai et Juin, 1979 à 1981
Japon	35° N	Début Juin, 1962
	40° N	Début Mai, 1982 et 1983 Fin Août, 1984 Mi à fin Mai, 1984 à 1987
Océan Pacifique	29° N	Fin Juin et fin Août, 1968
Mer Est de Chine	31° N	Début et mi Juillet, 1985 et 1987 ; Fin Juin, 1991

4. Biologie

4.1 .Morphologie et Ethologie

4.1.1. L'adulte

L'adulte est un papillon brunâtre de 15 mm d'envergure. Les ailes antérieures sont allongées, étroites, arrondies à l'apex et de couleur jaune brun ponctué de taches plus foncées. Leur bord postérieur est frangé. Les ailes postérieures sont beaucoup plus courtes, lancéolées, aigues, d'une couleur gris foncé, très longuement frangées. La tête est rougeâtre ; et les antennes striées de noires et de blancs sont dirigées vers l'avant (Balachowsky 1966). Chez le mâle, il existe un contraste prononcé entre le jaune du centre des ailes antérieures et le brun de leur extrémité (Dommee 1999).

En position de repos, les ailes se joignent en forme de toit et se caractérisent par une bande longitudinale blanche et ondulée sur le dos (Balachowsky 1966). Les adultes, nectarivores, présentent une activité de vol plus intense au couché du soleil (Harcourt 1986).

4.1.2. L'œuf

L'œuf est de forme ovale assez allongé, de petite taille et aplatie sur la face qui est en contact avec la feuille (Talekar and Shelton 1993). Il mesure environ 0,5mm x 0,25mm. Sa coloration est jaune pâle et devient plus sombre à l'approche de l'éclosion. En laboratoire, les œufs, pour la plupart, sont déposés sur la face supérieure des feuilles (Chua and Lim 1979), alors que dans la nature, ils sont majoritairement répartis sur la face inférieure (Robertson 1939 ; Balachowsky 1966). La durée de l'incubation dépend de la température (Balachowsky 1966 ; Talekar and Shelton 1993).

4.1.3. La chenille

Le développement des chenilles passe par quatre stades larvaires (Robertson 1939 ; Talekar and Shelton 1993). La durée des quatre stades larvaires varie en fonction de la température (Bhala and Dubey 1986 ; Sarrthoy et al. 1989).

Stade 1 : Après l'éclosion, la chenille reste mineuse durant le premier stade. La larve néonate est claire peu mobile, très petite (inférieur à 1mm), s'enfonce dans l'épiderme foliaire où elle creuse une galerie allongée (Bourdouxhe 1982). Dans les tissus mésophylles de la feuille, elle laisse apparaître des virgules blanches (Talekar and Shelton 1993). Le stade L1 dure 3 à 4 jours (Birot 1998).

Stade 2 : Après la première mue, la chenille mesure 2 à 2,5 mm de long. Elle est reconnaissable par sa capsule céphalique noire (Talekar and Shelton 1993). A ce stade la larve quitte la galerie pour vivre à l'extérieur surtout à la face inférieure de la feuille de la plante hôte. Elle se nourrit alors du limbe en ne laissant qu'un seul épiderme. Il apparaît ainsi dans la feuille des plages translucides appelées fenêtres (Talekar and Shelton 1993).

Stade 3 : La chenille est de couleur verte foncé. Elle présente une capsule céphalique beige. Ce stade larvaire s'étend sur deux jours selon Birot (1998). Elle provoque d'importants dégâts sur les cultures de Brassicacées.

Stade 4 : Ce dernier stade larvaire dure 3 à 4 jours à 25°C. Sa coloration est vert pâle tirant sur le grisâtre. La chenille L4 est de forme allongée (11 à 12 mm de long), amincie aux extrémités. Elle possède une large capsule céphalique beige.

Un dimorphisme sexuel est observable à ce stade larvaire. Ainsi, les chenilles qui donneront des mâles présentent une tâche blanche sur la face dorsale visible par transparence. Elle correspond aux gonades mâles ou testicules (Ngouembe 1990 ; Lui and Tabashnik 1997). A la fin du dernier stade larvaire la chenille tisse un cocon autour d'elle (Talekar and Shelton 1993).

4.1.4. La nymphe

La chenille se transforme d'abord en prénymphe puis en nymphe. La nymphe est fusiforme et mesure 8 mm de longueur environ. Elle présente d'abord une coloration verdâtre et pâle, qui vire au brun foncé à l'approche de l'émergence de l'adulte (Balachowsky 1966 ; Talekar and Shelton 1993). Elle est logée dans un cocon fusiforme constitué de soie étroit et translucide à mailles très lâches. Le cocon mesure environ 7 à 10 mm de long. Les cocons restent fixés aux nervures et surtout, sur la face inférieure de la feuille de chou. La nymphose est aérienne et dure environ 4 jours à 25°C (Birot 1998).

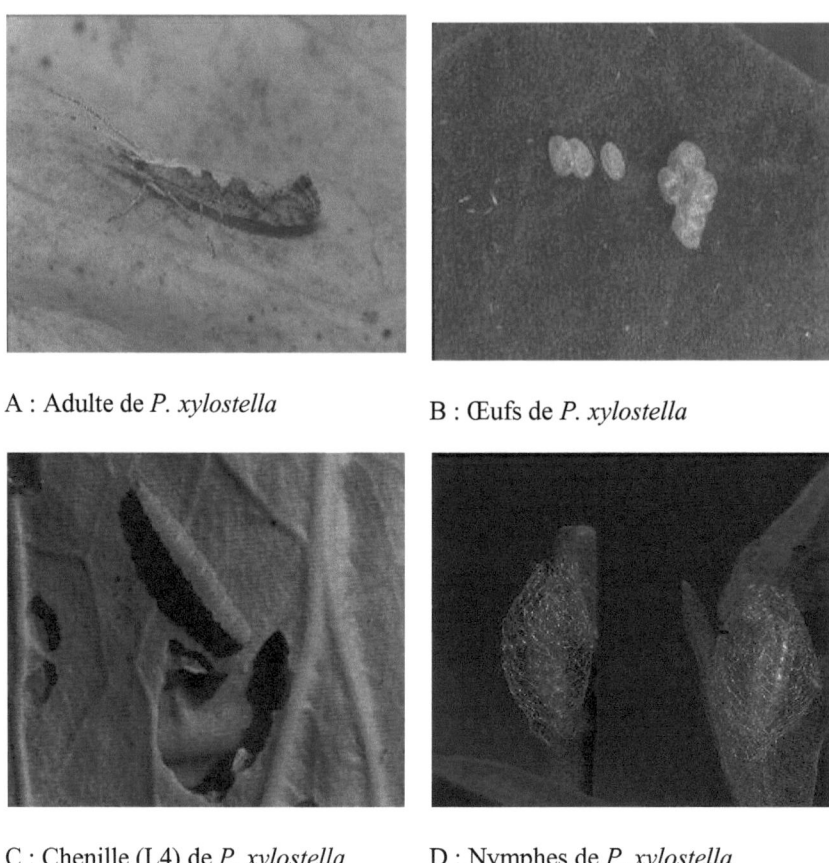

A : Adulte de *P. xylostella*

B : Œufs de *P. xylostella*

C : Chenille (L4) de *P. xylostella*

D : Nymphes de *P. xylostella*

Figures 2 A-D : Différents stades immatures de *P. xylostella*

4.2. Cycle de développement

Le cycle de développement de *P. xylostella* (L) dépend de la température, il dure une à deux semaines selon les conditions climatiques. Au niveau des tropiques, le cycle est plus court que dans les régions tempérées. A des températures de 25°C, le cycle de développement complet peut durer 16 jours : 3 jours pour l'éclosion des œufs, 9 jours pour le développement larvaire et 4 jours pour la nymphose (Pichon 2004). En effet, la chaleur et l'humidité favorisent une croissance plus rapide de la population de ce lépidoptère (Dommee 1999). La durée de vie varie aussi selon le sexe. Elle est, en moyenne de 10,4 jours pour les mâles et de 12,1 jours pour la femelle (Patil and Pokharkar 1971).

Le nombre de génération de l'espèce varie non seulement d'un pays á l'autre, mais aussi dans un même pays suivant les conditions climatiques de l'année ou de la région (Balachowsky 1966). Dans les régions tropicales, *P. xylostella* (L) peut avoir 13 à 14 générations dans l'année (Chelliah and Sinivassan 1986) ; alors que dans les zones tempérées le nombre maximum de générations est de 3 à 4 (Hardy 1938).

Tableau 2: Durée du cycle de développement de *Plutella xylostella* élevé sous différentes températures (Koshihara 1986)

Température (°C)	Durée du cycle de développement en jours		
	Œuf	Larve	Nymphe
30,0	2,4 ± 0,1	7,8 ± 0,2	3,2 ± 0,2
27,5	2,5 ± 0,1	8,3 ± 0,1	3,5 ± 0,1
25,0	3,0 ± 0,1	9,2 ± 0,2	3,8 ± 0,2
22,5	3,1 ± 0,1	11,7 ± 0,5	4,8 ± 0,2
20,0	4,1 ± 0,1	13,5 ± 0,2	5,4 ± 0,3
17,5	5,7 ± 0,1	19,1 ± 0,4	9,6 ± 0,3

4.3. La diapause

C'est un état physiologique d'arrêt de la croissance ou de la reproduction induit par un changement de la longueur des jours et par des températures extrêmes (Hance et al. 2007). En effet, aucune période de diapause n'a été mise en évidence chez les populations de la teigne des Crucifères (Harcourt and Cass 1966 ; Yamada and Umeya 1972). Du fait de l'absence de diapause, *P. xylostella* est un ravageur important dans les pays d'Asie du Sud-Est et d'Afrique. Cependant, sa présence dans de nombreuses régions du Canada, des Etats-Unis et d'Europe n'entraine que des dégâts d'importance réduite (Lim 1986).

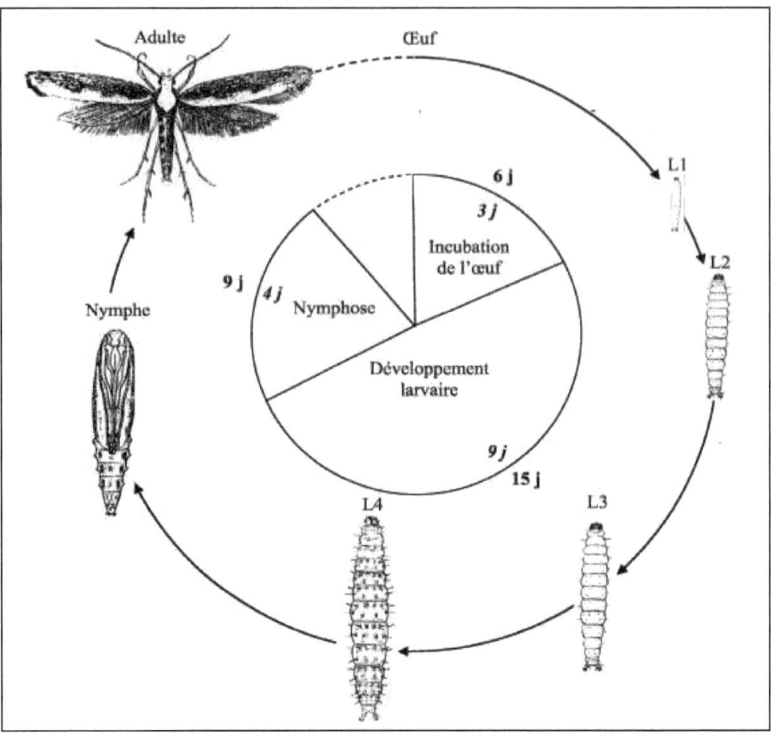

Figure 3: Cycle de développement de *P. xylostella* à 20°C (à l'extérieur du cercle) et à 25°C (à l'intérieur du cercle) (valeurs en jours, Salinas, 1986) (D'après Carpenter (2005).

4.4. L'accouplement et la ponte

Les adultes de *P. xylostella* s'accouplent dés leur émergence. Chez la teigne des Brassicacées, l'accouplement se fait dos à dos (Figure 4). Un même mâle peut s'accoupler trois fois alors que la femelle n'acceptera qu'un seul mâle (Balachowsky 1966). L'accouplement s'effectue surtout au coucher du soleil (Poelking 1990). Au Canada, par exemple, les meilleures conditions d'accouplement sont une température d'environ 20°C et une faible vitesse des vents (Harcourt 1986).

La ponte débute immédiatement après l'accouplement (Balachowsky 1966). Elle est généralement élevée, ainsi la femelle pond en moyenne 160 œufs au cours de sa vie (Balachowsky 1966 ; Talekar and Shelton 1993). D'autres auteurs font état de valeurs différentes entre 81 et 379 œufs (Ho et al. 1983) ou entre 124 et 414 œufs avec une moyenne de 288 œufs (Ooi and Kelderman 1979). La ponte dépend de nombreux facteurs tels que la température, la qualité de la nourriture de la femelle pendant les stades larvaires ou de la densité des populations (Guilloux 2000). La ponte totale des femelles ne semble pas significativement différente d'une population de *P. xylostella* à une autre. Cependant, chaque population possède son propre comportement de ponte. Ainsi, certaines populations du ravageur pondent rapidement leurs œufs dès les premiers jours de l'émergence de la femelle, alors que d'autres ont tendance à l'étaler dans le temps. Ceci est lié aux conditions environnementales auxquelles sont soumises les populations de *P. xylostella* (Pichon 1999).

Figure 4: Accouplement de *P. xylostella* (mâle à droite, femelle à gauche)

Tableau 3: La ponte chez diverses populations de *Plutella xylostella* (Guilloux 2000)

Pays	Nombre d'œufs pondus par femelle		Référence
	Moyennes	Extrêmes	
Taiwan	75	-	Lu and Lee 1984
Pakistan	190	-	Abro et al.1992
Corée	-	50-240	Kim and Lee 1991
Canada	160	-	Harcourt 1986
USA	140	55-220	Salinas 1986
Vénézuela	160	-	Salinas 1986
Grande-Gretagne	250	100-600	Hardy 1938
France	205*	-	
Australie	188*	-	
Benin	184*	-	Pichon, 1999
Brésil	167*	-	
Philippines	145*	-	

NB : * : Au laboratoire

5. Symptômes et Dégâts

Les attaques par les chenilles de *P. xylostella* peuvent commencer en pépinière sur les jeunes plantes. Cependant, les chenilles phyllophages préfèrent les jeunes feuilles situées au cœur de la plante hôte (Ooi 1986). Sur les plantes plus âgées, elles dévorent surtout la face inférieure des feuilles en laissant le côté opposé intact, ce qui fait apparaître des taches translucides ou fenêtres. Elles peuvent consommer entièrement le limbe provoquant l'apparition de trous au niveau des feuilles. Si l'attaque est très forte, seules les nervures vont subsister, les plantes ont alors l'aspect d'un squelette et le champ de choux prend un aspect grisâtre (Graf et al. 2000).

Au Sénégal, la teigne des Crucifères peut détruire totalement de nombreuses cultures de choux, ce qui pousse beaucoup de maraîchers à abandonner cette spéculation. Les dégâts varient fortement d'une région et d'une période à l'autre. La presqu'île du Cap Vert, le cordon littoral et la région de Thiès sont généralement les zones les plus affectées par ce ravageur.

Dans la région de Dakar, les dégâts causés par *P. xylostella* sont très importants en saison sèche et chaude (Mars, Avril, Mai). Pendant cette période, aucune récolte de choux n'est possible sans applications phytosanitaires. Les ravages sont nettement moins graves en saison chaude et humide ou pendant l'hivernage (Bourdouxhe 1982).

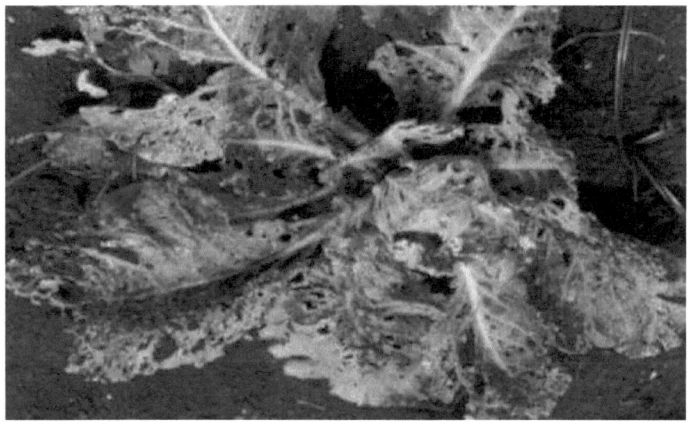

Figure 5: Dégâts sur choux

6. Impact des facteurs environnementaux

Les facteurs climatiques peuvent agir sur la densité des populations de *P. xylostella* (Sow et al. 2013a). En effet, la température, l'humidité relative, la pluviométrie et la photopériode influencent le développement des différents stades de *P. xylostella* (Tableau 4).

Tableau 4: Impact de différents facteurs climatiques sur *P. xylostella* (Ngouembe 1990)

Facteur	Stade affecté	Impact
Photopériode	Femelles adultes	Corrélation positive entre photopériode et fécondité
Luminosité	Adultes	Temps nuageux réduisant leur activité
Altitude	Œuf	Corrélation positive entre altitude et durée d'incubation
	Chenille	Corrélation positive entre altitude et durée du développement
Pluviométrie	Chenilles L1, L2	Facteur principal de mortalité (même effet dans les zones d'accumulation d'humidité) Effet combiné forte intensité pluvieuse-basse température
	Chenilles et adultes	Epidémies de champignons (persistance d'humidité)
	Adultes	Reproduction et dépôt des œufs perturbés
Température	Tous	Corrélation positive entre température et durée de développement

7. Plantes hôtes

L'espèce *P. xyostella* vit presque exclusivement sur les Brassicacées (Patil and Pokharkar 1971 ; Rahn 1983). En effet, l'une des caractéristiques des Brassicacées est la production de métabolites secondaires soufrés appelés glucosinolates qui sont toxiques pour la plupart des insectes. Cependant, certains d'entre eux, notamment *P. xylostella,* sont capables de désactiver ces molécules grâce à une glucosinolate sulfatase, rendant ainsi la plante comestible (Ratzka et al. 2002). L'hydrolyse de ces glucosinolates est à l'origine de la formation de l'isothiocyanate dont l'odeur est caractéristique des Brassicacées (Roux 2006).

Par ailleurs, l'espèce aurait été observée exceptionnellement sur d'autres familles botaniques telles que l'oignon, la capucine, l'amarante (Chelliah and Sinivassan 1986). Ces végétaux possèdent dans leurs tissus des glucosides identiques à ceux des Brassicacées : la sinigrine, la sinalbine et la myrosine (Gupta and Thorsteinson 1960).

Bien que ce lépidoptère préfère les Brassicacées cultivées plus nourrissantes, il peut se retrouver sur des Brassicacées sauvages servant de réservoir durant les périodes où les cultures ne sont pas disponibles (Muhammad et al. 1994).

Parmi les Brassicacées, les espèces du genre *Brassica* (chou pommé, Chou-fleur…) sont les plus attractives et particulièrement appétantes (Monnerat 1995). Elles comprennent un nombre important d'espèces, environ 3000, réparties sur toute l'étendue du globe. Cependant, elles sont plus importantes dans l'hémisphère nord (Guignard 1998). Elles sont utilisées aussi bien dans l'alimentation, la médecine, l'industrie que dans l'ornementation et représentent parfois la source alimentaire principale de certaines populations asiatiques (Sall-Sy 2005).

Dans les pays en développement des régions tropicales et subtropicales, la production des Brassicacées est caractérisée par de petites surfaces cultivées et une utilisation intensive de la terre et des pesticides. Les champs sont généralement dans les zones périurbaines et assurent l'approvisionnement des grandes villes en choux frais (Pichon 2004). Le chou (*Brassica oleracea*) en particulier, originaire de la région méditerranéenne autour de la Sicile (Raimondo 1997), est surtout une culture de saison sèche et fraîche. Il préfère les sols humides et riches en matières organiques (Thiam 2001). Cependant ses variétés adaptées aux conditions de saison de pluies donnent des rendements plus faibles.

II. Lutte contre *Plutella xylostella*

Le coût de la lutte contre les chenilles de *P. xylostella* est estimé à un milliard de dollar US (Chilcutt and Tabashnik 1997). Face aux dégâts causés par la teigne des Crucifères, plusieurs méthodes de lutte ont été testées en vue de réduire les populations de chenilles de ce ravageur et d'augmenter les rendements.

1. Lutte chimique

1.1. Utilisation des insecticides chimiques

Les traitements chimiques restent actuellement le moyen de lutte le plus employé pour réduire les populations de *Plutella xylostella* et autres ravageurs des Brassicacées.

Le premier essai de contrôle de *P. xylostella* a été effectué en Russie en 1914. Il consistait à intercaler des rangées de choux avec des rangées de tomates (Vostrikov 1915). L'efficacité limitée de cette méthode notamment aux climats plus chauds comme l'Inde (Chelliah and Srinivasan 1986), les Philippines (Magallona 1986) et la Malaisie (Sivapragasan and Saito 1986) a conduit à l'apparition de nouveaux produits à base d'insecticides de synthèse.

Parmi ces produits utilisés contre ce ravageur, figurent des composés minéraux (arsenicaux et fluorures), des fumigants (avec ajouts d'huile et d'hydrocarbures) et quelques composés végétaux : extraits de tabac (produit actif : nicotine), de derris (roténone) ou de pyrèthres (pyréthrines) (Huckett 1934). Trop toxiques ou peu efficaces, ils sont supplantés à partir de 1945 par les insecticides de synthèse, d'une efficacité très supérieure, le premier étant le DDT rapidement suivi du lindane et autres organochlorés, puis des organophosphorés et d'autres composés par la suite (Greaves 1945 ; Harcourt and Cass 1955).

Actuellement, un retour à des insecticides d'origine biologique, extraits de végétaux, est tenté. Le plus efficace et le moins nocif pour la faune des auxiliaires semble être les extraits de neem issus de l'*Azadirachta indica* (Meliaceae) dont le principe actif est l'azadirachtine (Morallo-Rejesus 1986 ; Schmutterer 1992 ; Hermawan et al. 1998 ; Goudegnon et al. 2000 ; Löhr and Kfir 2004).

Au Sénégal, ce sont les pyrèthrinoides de synthèse et les organophosphorés qui sont les plus utilisés dans la lutte contre *P. xylostella* (Sall-Sy 2005 ; Sow and Diarra 2013). Ces insecticides synthétiques sont souvent appliqués avec des pulvérisateurs à main et sans mesure de sécurité pour l'utilisateur. Par ailleurs, les restrictions concernant leur utilisation ne sont généralement pas respectées. Tous ces facteurs contribuent à une totale dépendance vis-à-vis des fournisseurs des produits pour contrôler les ravageurs. Pour contourner les difficultés rencontrées, certains producteurs mélangent les formulations et traitent plus fréquemment, ce qui entraine de nombreuses conséquences telles que l'augmentation des coûts de production, la présence de résidus sur les plantes consommées et dans le sol, l'apparition dans les populations de *P. xylostella* de phénomènes de résistance.

Figure 6: Traitement d'un champ de choux

1.2. Résistance

Actuellement, l'utilisation régulière et répétée des insecticides a entraîné l'apparition de populations de *P. xylostella* résistantes. Ainsi, une étude réalisée, en 1989 dans 14 pays, a montré que des populations de *P. xylostella* sont résistantes à 51 insecticides (Guilloux 2000). La résistance correspond à la capacité de survivre après contact avec des doses de pesticides antérieurement mortelles. L'acquisition de cette résistance aux pesticides chez les ravageurs contribue largement au phénomène de résurgence. Le ravageur réapparaît après les traitements pesticides, principalement les chenilles mineuses peu exposées aux insecticides de contact (Sall-Sy 2005). La résistance aux insecticides est un phénomène qui évolue, due à une sélection intensive des individus après des traitements massifs et continus. Il y a aussi l'apparition de résistances croisées, c'est-à-dire de résistances à des composés autres que ceux par lequel ils ont été sélectionnés (Miyata et al. 1986). Les plus forts niveaux de résistance se trouvent dans les régions où la culture de choux est intensive, en particulier lorsqu'elle est maintenue toute l'année (Cheng et al.1986).

Le contrôle des populations de *P. xylostella* reste difficile car il a développé des résistances à tous les pesticides de synthèse utilisés y compris ceux à base de la bactérie *Bacillus thuringiensis* (Berliner) (McGaughey and Whalon 1992 ; Sanchis et al. 1995 ; Tabashnik et al. 1997).

Tableau 5: Exemples de cas de résistance aux insecticides chez *Plutella xylostella* (Guilloux 2000)

Apparition de la résistance	Pays d'apparition	Produits concernés	Références
1951	Indonésie	DDT	Ankersmith 1953
1956	Malaisie	DDT, Lindane, Dieldrine	Ooi 1997
1959	Indonésie	Organochlorés	Mo 1959
1964	Indonésie	Malathion	Cheng 1986
1965	Thailande	Carbaryl	Rushtapakornchai and Vattanatanguen 1986
1966	Inde	DDT, Parathion	Raju 1996
1974	Philippines	EPN, Mevinphos	Talekar and Shelton 1993
1978	Inde	Diazinon	Raju 1996
1981	Japon	Methomyl	Cheng 1986
1981	USA : Hawaii	Tous les produits autorisés	Tabashnik et al. 1987
1981	Taiwan	Pyréthrinoides, DDT, Organophosphorés, carbamates, Cartap	Lui et al.1981 Lui et al.1982
1982-1982	Thailande	Prothiophos, Profenophos	Rushtapakornchai and Vattanatanguen 1986
1986	Taiwan	Organophosphorés, Carbamates	Chen and Sun 1986
1986	Japon	Cartap	Hama et al. 1992
1987	USA : Hawaii	Pyréthrinoides,	Tabashnik et al.1987
1988	Malaisie	IGR, Abamectine	Fauziah et al. 1992
1988	Thailande	IGR (Benzolphenylurées)	Talekar and Shelton 1993
1986-1988	Japon	Endotoxines « Bt »	Hama et al. 1992
1989	Inde	Pyréthrinoides	Raju 1996
1989	Honduras	Cyperméthrine, Méthomyl, Méthamidophos	Ovalle and Cave 1989
1989-1990	USA : Hawaii	Endotoxines « Bt »	Tabashnik et al. 1997
1990	Malaisie	IGR (Benzolphenylurées)	Ooi 1997
1990	USA : Pennsylvanie	Endotoxines « Bt »	Tabashnik et al. 1997
1990	USA : Floride, New York	Endotoxines « Bt »	Shelton and Wyman 1992
1993	Philippines	Endotoxines « Bt »	Tabashnik et al. 1997
1999	(Laboratoire)	Plantes transgéniques« Bt »	Tang et al.1999

2. Lutte biologique

La lutte biologique est définie comme la suppression, le contrôle ou la régulation des populations de ravageurs à l'aide de prédateurs, parasitoïdes, pathogènes et/ou herbivores (Debach and Rossen 1991 ; Hawkins and Cornell 1999). Elle représente une alternative durable pour contrôler les populations de la teigne des Brassicacées, actuellement résistantes aux insecticides de synthèse. En effet, elle reste la technique la plus employée, en remplacement de la lutte chimique si *P. xylostella* est vraiment trop résistante, ou en association (lutte intégrée) quand c'est possible, pour ralentir l'apparition de telles résistances et limiter la quantité de pesticides libérés dans l'environnement (Guilloux 2000).

Il existe trois méthodes principales de lutte biologique: par introduction, conservation ou augmentation (van Driesche and Bellows 1996).

La lutte par introduction ou lutte biologique classique est utilisée pour lutter contre des ravageurs exotiques. Elle consiste à rechercher des ennemis naturels de ces ravageurs dans leur zone géographique d'origine et à les introduire dans le pays que le ravageur a envahi.

La lutte biologique par conservation vise à assurer des conditions favorables à la présence, la survie et la reproduction des ennemis naturels indigènes. Elle consiste à rendre disponible, au sein ou à proximité des cultures à protéger, des ressources qui contribuent à leur efficacité telles que des refuges physiques, des hôtes alternatifs, des sources de nourriture ou des signaux attractifs. Sa mise en place nécessite que des ennemis naturels efficaces pour contrôler les populations de ravageurs soient déjà présents localement.

La lutte biologique par augmentation consiste à sélectionner un parasitoïde efficace, l'élever en masse et le lâcher dans la culture à protéger au moment le plus opportun. Elle est utilisée lorsque les parasitoïdes indigènes arrivent trop tard ou sont trop peu nombreux dans la culture pour assurer un contrôle efficace du ravageur.

Une diversité d'agents est utilisée comme moyen de lutte biologique contre *P. xylostella*. Il s'agit essentiellement des parasitoïdes, des micro-organismes entomopathogènes et des prédateurs. Ces organismes, ennemis naturels du ravageur, peuvent être indigènes ou exotiques.

2.1. Utilisation de parasitoïdes

Les parasitoïdes sont des organismes qui se développent sur ou dans un autre organisme, leur hôte, en tirent leur subsistance et le tuent comme résultat direct ou indirect de leur développement (Eggleton and Gaston 1990). Ils sont les plus étudiés, les plus utilisés et les plus efficaces. Ils sont présents partout, mais individuellement, chacune des espèces possède une aire de répartition plus réduite que celle de leur hôte (Roux 2006). Plus de 90 espèces de parasitoïdes de *P. xylostella* ont ainsi été répertoriées (Goodwin 1979). Parmi les plus importantes, on trouve 6 espèces parasites d'œufs, 38 de chenilles et 13 de nymphes (Lim 1986).

En Afrique Sub-Saharienne, de nombreux parasitoïdes associés à *P. xylostella* ont été répertoriés notamment par Lohr and Kfir (2004). Il s'agit de parasitoïdes indigènes constitués d'espèces appartenant aux familles des Braconidae, Chalcididae, Ceraphronidae, Eulophidae, Eurytomidae, Ichneumonidae, Perilampidae, Pteromalidae, Tachinidae et Trichogrammatidae.

Au Sénégal, des espèces d'hyménoptères parasitoïdes indigènes ont été recensées sur *P. xylostella*. Il s'agit de *Oomyzus sokolowskii* (Kurdjumov), *Apanteles litae* (Nixon), *Cotesia plutellae* (Kurdjumov), *Brachymeria citrea* (Steffan), *Hockeria* sp (Walker) (Bourdouxhe 1983 ; Ndiaye 1995 ; Camara 1999 ; Sall-Sy 2005 ; Sow and Diarra 2013).

Tableau 6: Parasitoïdes de *Plutella xylostella* d'après Lim (1985)

Stade concerné	Parasitoïdes
Œuf	*Trichogramma brasiliensis* (Ashm) *T. minutum* Riley *T. pretiosum* Riley *Trichogrammatoidea armigera* Nagaraja
Larve	*Antrocephalus* sp *Apanteles aciculatus* (Ashm) *A.albipennis* Nees *A. fuliginosus* Wetm *A. halfordi* Ullyett *A. ippeus* Nixon *A. laevigatus* (groupe) *A. limbatus* Marsh *A.* (*=Cotesia*) *plutellae* Kurdjumov *A. ruficrus* Hal *Apanteles* sp (groupe glomeratus) *Brachymeria phyta* (Walk) *B. sidnica* Hlgr *Chelonus ritchiei* Wlksn *Compoletis* sp *Diadegma armillata* Grav *D. eucerophaga* Horstm *D. fenestralis* Holmgren *D. neceorophaga* Horstm *D. plutellae* Viereck *D. rapi* (Cambridge) *D. varuna* Gupta *Diadegma* sp (proche de *lateralis* Grav) *Diadromus erythrostomus* (Cameron) *Habrocytus* sp *Itoplectis* sp *Macrobracon hebetor* Say *Macromalon orientale* Kerrich *Microplitis plutellae* (Meus) *Spilochalcis hirtifemora* (Ashmead) *Cadurcia plutellae* Van Emden *Tetrastichus* sp
Nymphe	*Diadromus plutellae* (Ashmead) *D. subtilicornis* Grav *Dibrachys cavus* (Walkr) *Euptromalus viridescens* (Walsh) *Celis tenellus* (Say) *Habrocytus* sp (proche de *phycidis* Ashm) *Itoplectis maculator* Fab *Phaeogenes* sp *Spilochalcis albifrons* (Walsh) *Stomatoceras* sp *Tetrastichus ayyarai* Rohw *Tetrastichus* (*=Oomyzus*) *sokolowskii* Kurdj.

2.2. Utilisation de micro-organismes entomopathogènes

Des micro-organismes entomopathogènes appartenant à différents groupes tels que les champignons, les virus, les bactéries, les microsporidies et les nématodes, ont été étudiés, même si la plupart restent encore à l'état expérimental.

Les champignons entomopathogènes tels que *Beauveria bassiana* (Hyphomycète : Deuteromycotinae) et *Zoophtora radicans* (Zygomycète : Entomophtoracae) attaquent généralement les chenilles et parfois les nymphes de *P. xylostella* (Wilding 1986). Les larves infectées par *Z. radicans* consomment moins de tissus foliaires et arrêtent leur alimentation deux jours après l'infection (Pichon 2004). Cependant, les champignons sont assez peu utilisés car nécessitent une atmosphère très humide qui favorise l'apparition de champignons pathogènes pour les cultures, et seulement sous de fortes densités de populations de chenilles, donc lorsque les dégâts sont déjà importants (Rietmacher et al. 1992). De plus, ils peuvent réduire l'efficacité des espèces de parasitoïdes (Furlong and Pell 1996).

De même, les virus entomopathogènes comme les Bacculovirus semblent avoir une certaine efficacité contre les chenilles de la teigne des Crucifères (Simmonds 1971). Les granulovirus semblent être très pathogènes, pouvant provoquer jusqu'à 90% de mortalité chez les larves de premier et second stades (Roux 2006). Cependant, toutes les souches de *P. xylostella* n'ont pas la même sensibilité. Les nucléopolyhedrovirus, par exemple, perdent très vite leur virulence au fil des générations de *P. xylostella* (Sarfraz et al. 2005).

Le bacille *B. thuringiensis* est la principale bactérie entomopathogène utilisée pour le contrôle des populations de chenilles de *P. xylostella* (Pichon 2004). Les endotoxines protéiques produites par la bactérie tuent les chenilles en se fixant sur la membrane de l'intestin et en y créant des pores (Gill et al. 1992). Ses avantages liés à sa grande spécificité et les faibles risques sur la santé et l'environnement en ont fait un important outil de lutte contre les ravageurs de culture (Roux 2006). De même, les toxines de *B. thuringiensis* n'affectent pas la faune de parasitoïdes (Flexner et al. 1986 ; Lim 1992). Cependant, des cas de résistances à ces toxines sont apparus en laboratoire (McGaughey 1985) et en milieu naturel (Wright et al. 1997 ; Tabashnik et al. 1997).

L'utilisation des microsporidies et des nématodes entomophathogènes reste au stade expérimental. Les premières peuvent interférer avec les parasitoïdes en réduisant considérablement leur efficacité (Bordat et al. 1994 ; Gruarin 1998) tandis que les secondes ont un coût de production élevé et elles sont sensibles à la lumière, aux températures extrêmes et à la sécheresse (Lello et al. 1996 ; Baur et al. 1997).

2.3. Utilisation de prédateurs

Les espèces prédatrices de *Plutella xylostella* appartiennent principalement à l'ordre des Diptères (Sirphidae, Drosophilidae et Lauxaniidae), des Coléoptères (Carabidae, Staphilinidae), des Dermaptères (*Euborellia annulipes*) et des araignées (Delobel 1978). Selon Ibrahim (2004), *Podisus maculiventris* (Hemiptera, Pentatomidae) est efficace dans le contrôle de la teigne des Crucifères.

Tableau 7: Prédateurs de *P. xylostella* (Alam 1990 ; Muckenfuss et al. 1990)

Classe	Famille	Espèces
Arachnida	Erigonidae	*Eperigone fradeorum* (Berland)
	Linyphiidae	*Florinda coccinea* (Hentz)
	Lycosidae	*Pardosa milvina* (Hentz)
		P. pauxilla (Montgomery)
		P. deliculata (Gertsch and Wallace)
Insecta	Anthocoridae	Inconnue
	Carabidae	*Calosoma sayi*
	Chrysopidae	*Ceraeochrysa claveri* (Navas)
	Coccinellidae	*Coccinella septempunctata* L.
		Hippodamia convergens (Guerin-Meneville)
		Coleomegilla maculata (De Geer)
		Scymnus spp.
		Cycloneda sanguinea L.
	Formicidae	*Solenopsis invicta*
	Hemerobiidae	Inconnue
	Labiduridae	Inconnue
	Lygaeidae	*Geocoris punctipes* (Say)
		G. uliginosus (Say)
	Nabidae	*Nabis americoferus* (Carayon)
	Pentatomidae	*Podisus maculiventris* (Say)
	Reduviidae	Inconnue
	Staphylinidae	*Belonuchus gagates* (Erichson)
	Syrphidae	*Toxomerus dispar* (Fab)
		Toxomerus watsoni (Curran)
		Pseudodoros clavatus (Fab)
	Vespidae	*Polistes* spp.

3. Utilisation des phéromones sexuelles

Les phéromones sexuelles sont des substances chimiques qui, lorsqu'elles sont secrétées par les espèces animales et libérées dans l'environnement à très faibles doses, induisent généralement un changement de comportement chez les animaux de sexe opposé de la même espèce. Elles sont principalement utilisées dans les études de dynamique des populations mais aussi comme moyen de destruction massive de tous les mâles en les attirant dans des pièges ou piégeage sexuel. En effet, la densité des populations est un paramètre important qui affecte le succès de lutte avec les phéromones sexuelles, les bas niveaux de populations étant corrélés avec une bonne réduction (Regnault-Roger 2005).

La confusion sexuelle est aussi une technique qui consiste à disperser dans la culture des morceaux de plastique imprégnés de phéromones pour tromper les mâles et perturber l'accouplement en saturant l'atmosphère de phéromones, ce qui neutralise leur effet en empêchant les mâles de localiser les vraies femelles et donc de s'accoupler (FAO 1988). Elle agit sur le comportement de l'insecte, et elle est parfois qualifiée de lutte éthologique. La technique est un excellent palliatif, en cas de résistance des ravageurs aux insecticides (Regnault-Roger 2005).

Cependant, l'utilisation fiable des phéromones de synthèse en protection intégrée des cultures ne peut s'envisager sans une connaissance parfaite du comportement des insectes, de leurs écosystèmes, de leurs déplacements et de la variabilité populationnelle (Regnault-Roger 2005).

4. Lutte culturale

La lutte culturale désigne toute modification des pratiques agronomiques visant à réduire les dégâts occasionnés par les ravageurs ou donnant des résultats similaires même si elle a été appliquée à d'autres fins. Parmi ces pratiques, on peut citer : la sélection variétale, les cultures intercalaires, l'utilisation de plantes pièges, la rotation culturale.

La sélection culturale consiste à utiliser des variétés de choux résistants donc moins sensibles aux attaques de chenilles. Des tests de sélection variétale pour lutter contre *P. xylostella* ont été menés sur le colza, importante culture en Amérique du Nord mais l'emploi de la transgénèse s'avère plus intéressant pour créer des variétés de chou résistantes.

Le principe des cultures intercalaires consiste à cultiver des rangs alternés de choux et d'une autre plante comme la tomate ou l'ail, dont l'odeur repousse l'insecte (Guilloux 2000). Cependant, la seconde plante peut s'avérer peu intéressante pour le maraicher car n'étant pas d'un aussi bon rapport économique que le chou. De plus, il peut y avoir des problèmes de compétition entre les deux plantes, ce qui réduit alors le rendement (Schellhorn and Sork 1997).

Des essais effectués en Inde avec la moutarde ont montré que celle-ci est une plante piège qui protège le chou contre les insectes déprédateurs. En effet, les papillons déposent préférentiellement leurs œufs sur la moutarde épargnant ainsi les choux. Cette technique se développe en Inde (Talekar and Shelton 1993) et en Afrique du Sud (Charleston and Kfir 2000).

La rotation des cultures a pour but d'interrompre les séries de générations chevauchantes en région tropicale. En effet, la pérennité de la culture de choux au cours de l'année, assure la présence constante de nourriture pour *P. xylostella* et lui permet donc de se reproduire sans contrainte de temps (Talekar and Shelton 1993).

L'irrigation de manière intermittente par aspersion réduit de 7 fois le nombre d'œufs pondus par *P. xylostella* sur ses plantes hôtes (Tabashnik and Mau 1986).

5. Lutte intégrée

La lutte intégrée est un système de gestion des populations de ravageurs qui, dans le contexte de l'environnement associé et des dynamiques des populations des espèces nuisibles, met en œuvre toutes les techniques appropriées, d'une manière aussi compatible que possible, pour les maintenir à des niveaux inférieurs à ceux causant des dommages d'importance économique (FAO 1967). La protection intégrée a montré des résultats encourageants en combinant l'utilisation de plusieurs pratiques compatibles entre elles et avec l'environnement, telles que l'amélioration génétique des variétés de choux (Eigenbrode et al. 1990 ; Eigenbrode and Shelton 1992), la culture intercalaire avec des plante-pièges ou des cultures alternatives qui repoussent le ravageur (Chelliah and Srinivasan 1986 ; Talekar et al. 1986), la rotation des cultures (Talekar and Shelton 1993), la confusion ou le piégeage sexuels (Reddy and Urs 1997), et la lutte biologique à l'aide d'antagonistes.

Les programmes de lutte intégrée (IPM) se basent sur l'écologie et la biologie des ravageurs et des agents de lutte biologique, au sein d'un système agricole particulier (Rincon 2006). Ils se déroulent en plusieurs phases : définition du problème, recherche et développement et mise en œuvre du projet. L'évaluation des ennemis naturels et la sélection d'insecticides biologiques et sélectifs sont effectuées par des bioessais et des tests en conditions naturelles. Les résultats obtenus sur différents paramètres, en relation avec la lutte intégrée, sont utilisés pour développer des programmes de lutte au niveau des cultures et testés aux champs (Pichon 2004). L'application de tels programmes a permis la réduction de plus de 80% du coût lié aux insecticides et de d'accroitre les productions en Malaisie, en Thaïlande, à Hawaii et à Singapour (Nakahara et al. 1986 ; Ng et al. 2002).

III. Les insectes parasitoïdes

1. Le parasitoïdisme

Le parasitoïdisme est un mode de vie qui se trouve à l'interface entre la prédation et le parasitisme. Comme les parasites, les insectes parasitoïdes dépendent aussi d'un hôte (le plus souvent un autre insecte) dont ils vont tirer les ressources nécessaires à leur propre développement. Cependant, seul les stades pré-imaginaux nécessitent un tel mode de vie d'où leur appellation aussi d'insectes parasites protéliens (Askew 1971). Les adultes mènent en général une vie libre pendant laquelle les femelles recherchent activement leurs hôtes pour y déposer leur progéniture. Les stades immatures tirent leur subsistance de ces hôtes et les tuent en résultat direct ou indirect de leur développement (Eggleton and Gaston 1990).

Cependant, il constitue un mode de vie moins répandu. Il est tout de même l'apanage de 10 à 20% des insectes (Godfray 1994). Sept ordres d'insectes présentent des espèces parasitoïdes : les Hyménoptères, les Diptères, les Coléoptères, les Neuroptères, les Lépidoptères, les Trichoptères et Strepsiptères (Quicke 1997). Les Hyménoptères parasitoïdes sont nettement le groupe d'organisme le plus important en lutte biologique et il est responsable de la majorité des succès tant du point de vue économique qu'environnemental (LaSalle 1993)

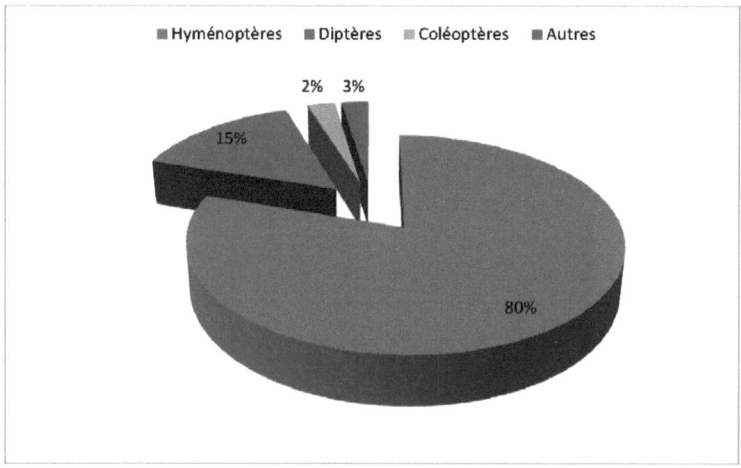

Figure 7: Répartition des différents ordres d'insectes parmi les parasitoïdes.

(Quick 1997, modifiée)

2. Caractéristiques biologiques des parasitoïdes

Les différentes espèces de parasitoïdes s'attaquent à une très grande variété d'hôtes appartenant également à de nombreux ordres d'insectes. Il existe des espèces spécialistes qui attaquent une seule espèce hôte et des espèces généralistes s'attaquant à plusieurs espèces hôtes mais qui sont le plus souvent phylogénétiquement ou écologiquement proches. Tous les stades des hôtes peuvent être parasités, avec un degré plus ou moins important de spécialisation : les œufs, les larves, les nymphes et les imagos.

Les parasitoïdes peuvent se développer à l'extérieur (ectoparasitoïdes) ou à l'intérieur (endoparasitoïdes) de leur hôte et dans les deux cas, ils se développent soit en solitaire (un seul parasitoïde émerge par hôte parasité) ou en situation grégaire (plusieurs individus émergent du même hôte) (Grandgirard 2003).

Les parasitoïdes peuvent également avoir des modes de développement différents (koïnobionte ou idiobionte). Les koïnobiontes maintiennent leur hôte en vie jusqu'à la fin de leur développement alors que les idiobiontes tuent ou paralysent leur hôte au moment du parasitisme (Quicke 1997). Souvent, les premiers attaquent les jeunes stades alors que les seconds attaquent les stades plus âgés de l'hôte (Godfray 1994).

Des études comparatives sur un large nombre d'espèces ont démontré que le mode de développement des parasitoïdes était effectivement corrélé à leurs traits d'histoire de vie (Tableau 8) (Blackburn 1991 ; Mayhew and Blackburn 1999 ; Jervis et al. 2001).

3. Relations hôte-parasitoide

L'acte de parasitisme au sens strict est précédé par un ensemble de séquences comportementales du parasitoïde, qui le rapproche de son hôte. D'après Vinson (1976), on distingue les étapes suivantes : la localisation de l'habitat de l'hôte, la localisation de l'hôte, l'acceptation et l'identification de l'hôte, l'adéquation de l'hôte (âge, état parasitaire et physiologique) et enfin la régulation de l'hôte.

Dans la relation hôte-parasitoïde, il intervient un facteur écologique très important : le biotope de l'hôte. Il est représenté par la plante qui constitue non seulement l'habitat et la ressource alimentaire pour le développement de l'insecte phytophage, mais c'est elle qui sert de signal aux ennemis naturels de l'hôte (Roux 2006).

Chez les parasitoïdes, il existe également des signaux intrinsèques aux individus qui vont refléter leur état interne et donc affecter leurs stratégies de ponte. La décision de pondre dans un hôte parasité peut être alors fonction de l'espérance de vie de la femelle parasitoïde (par exemple de son âge au moment de la ponte), du nombre d'œufs restant à pondre ou de ses réserves énergétiques (Roitberg et al. 1992 ; Roitberg et al. 1993 ; Houston and McNamara 1999 ; Clark and Mangel 2000 ; Wajnberg et al. 2006). Les antennes sont aussi le support de nombreux récepteurs sensoriels ou sensilles (excroissances cuticulaires) impliqués dans la recherche et la localisation de l'habitat, dans la reconnaissance spécifique de l'hôte et dans le processus de discrimination de cet hôte (Vet et al. 1995).

Tableau 8: Traits d'histoire de vie associés aux stratégies koïnobionte et idiobionte

Mode de vie		Koïnobionte	Idiobionte	Références
Traits d'histoire de vie	Développement larvaire	Endoparasitoïde	Ectoparasitoïde / Endoparasitoïde	Askew and Shaw 1986 ; Mayhew and Blackburn 1999
	Fécondité	Elevée	Faible	Mayhew and Blackburn 1999
	Taille des œufs	Petite	Grande	Mayhew and Blackburn 1999
	Type d'œufs	Hydropique	Anhydropique	Jervis et al. 2001
	Taille du corps	Grande	Petite	Traynor and Mayhew 2005
	Durée du développement	Longue	Courte	Blackburn 1991 ; Mayhew and Blackburn 1999
	Durée de vie des adultes	Courte	Longue	Blackburn 1991 ; Mayhew and Blackburn 1999
	Spectre d'hôtes	Etroit (spécialiste)	Large (généraliste)	Askew and Shaw 1986
	Indice d'ovigénie	Elevé (proovigénie)	Faible (synovigénie)	Jervis et al. 2001
	Piqûres nutritionnelles sur l'hôte	Absentes	Présentes	Jervis et al. 2001 ; Jervis et al. 2008
	Fenêtre de parasitisme	Courte	Longue	Mayhew and Blackburn 1999

4. Biotaxonomie de quelques parasitoïdes de *P. xylostella*

Les parasitoïdes naturels de *P.xylostella* ont des efficacités et des répartitions très variables selon les régions. Au Sénégal, trois espèces de parasitoïdes sont majoritairement recensées sur *P. xylostella*. Il s'agit de : *Oomyzus sokolowskii, Cotesia plutellae* et *Apanteles litae*.

4.1. *Oomyzus sokolowskii*

4.1.1. Systématique

Embranchement : Arthropoda

Classe : Insecta

Ordre : Hymenoptera

Super-famille : Chalcidoïdea

Famille : Eulophidae

Genre : *Oomyzus*

Espèce : *sokolowskii* (Kurdjumov)

4.1.2. Cycle de développement et morphologie

a. L'adulte

Il est de très petite taille entre 1 à 2 mm. Son corps est de couleur noir brillant avec des reflets métalliques. Un dimorphisme sexuel assez marqué nous permet de distinguer le mâle de la femelle :

- ✓ Le mâle a un abdomen cylindrique, de même diamètre que le thorax. Il possède des antennes de grande taille pourvues de quatre articles portant de soies nombreuses et longues.
- ✓ La femelle présente un abdomen plus renflé et anguleux en forme de losange. Elle est reconnaissable grâce à son ovipositeur (tarière) disposé dans une gouttière visible sur la face ventrale à l'extrémité de l'abdomen. Leurs antennes plus courtes possèdent des soies plus courtes et moins nombreuses.

b. L'œuf

Il est de forme elliptique, transparent et mesure $0,3 \times 0,06$ mm. Les œufs sont souvent regroupés en amas de 3 à 15 unités dans la partie postérieure de l'hôte bien que la femelle n'ait pas de site de ponte préférentiel (Birot 1998). Ces œufs se développent grâce aux éléments nutritifs de la chenille puis de la nymphe d'où ils émergent sous forme d'adultes. L'incubation des œufs dure 1 à 2 jours à 25°C. La segmentation de l'embryon est visible par transparence dans l'œuf.

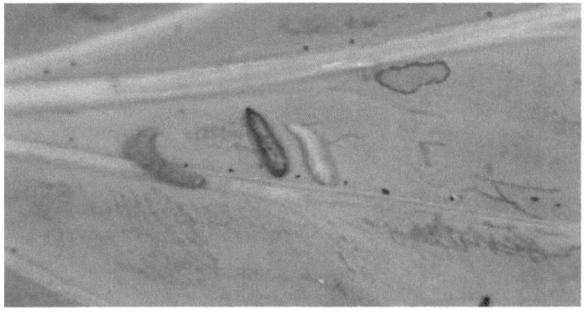

Figure 8: Chenille et nymphe parasitées par *O. sokolowskii* (à gauche) et nymphe saine (à droite)

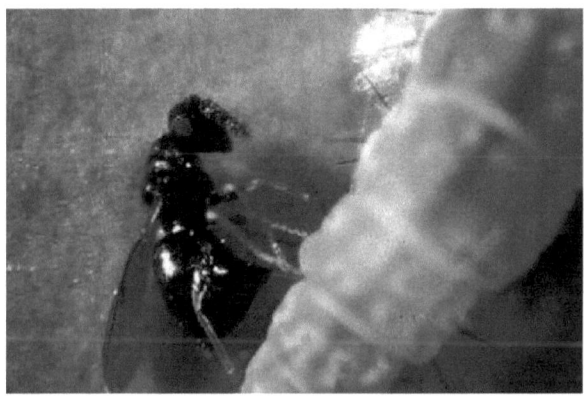

Figure 9: Femelle d'*O. sokolowskii* en oviposition

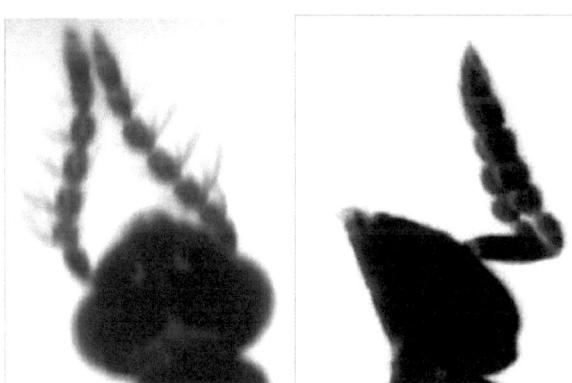

Figure 10: Antennes d'*O. sokolowskii* : femelle (à gauche) et mâle (à droite)

c. Le stade larvaire

La recherche bibliographique ne nous a pas permis de préciser le nombre de stades larvaires. La larve est de forme vermiforme, arrondie aux extrémités, quasi transparente et possède un tube digestif sur toute sa longueur. Les larves sont de taille variable dans la chrysalide parasitée. Au fur et à mesure de leur développement, les plus grosses colonisent la totalité de la nymphe, tandis que la compétition qui s'instaure entre elles provoque une diminution sensible de leur nombre dont les plus petites. En fin de développement, les larves d'*O. sokolowskii* ont vidé la chrysalide de *P. xylostella* de son contenu. La durée du stade larvaire varie de 8 à 12 jours à la température de 26-27°C (Birot 1998).

d. Le stade nymphal

La nymphose se déroule en 4 étapes : la larve donne d'abord une prénymphe de couleur blanche où aucun organe du futur adulte n'est visible, la nymphe aux yeux rouges lorsque les yeux et les ocelles se colorent en rouge, ensuite la nymphe brune et enfin la nymphe noire où de nombreux organes ou structures commencent à apparaitre. Ce stade se déroule sur 6 à 10 jours à la température de 26-27°C (Birot 1998).

4.1.3. Caractéristiques bio-écologiques

C'est un endoparasitoïde dont la femelle pond dans les chenilles de *P. xylostella* à tous les stades, avec une nette préférence pour les chenilles L3 et L4 où les taux de parasitisme sont respectivement 70% et 61% (Talekar and Hu 1996). Cependant, certains auteurs le considèrent comme un parasitoïde larvaire (Ooi 1988 ; Alam 1990; Talekar and Hu 1996 ; Kfir 1997), mais d'autres comme un parasitoïde nymphal (Chelliah and Srinivason 1986 ; Waterhouse and Norris 1987 ; Wakisaka et al. 1992 ; Noyes 1994). Les larves du parasitoïde continueront leur développement dans la nymphe de *P. xylostella* d'où émergeront les adultes. L'accouplement, qui a lieu dés l'émergence, stimule fortement les capacités de parasitisme de la femelle (Birot 1998). La durée du cycle biologique varie en fonction de la température

(Tableau 9). A la température de 26-27°C, Birot (1998) a trouvé des durées de cycles pouvant aller de 17 à 24 jours. La durée de vie moyenne d'un adulte est de 7 jours (Hirashima et al. 1990).

Comme chez la plupart des hyménoptères, il existe une reproduction sexuée, avec fécondation des ovules par les spermatozoïdes. La descendance, issue d'œufs fécondés, se compose de femelles diploïdes. La reproduction par parthénogénèse arrhénotoque est aussi très fréquente. Dans ce cas, le développement embryonnaire des œufs non fécondés donne une descendance uniquement composée de mâles haploïdes (Birot 1998). La femelle gravide décide du sexe ratio de la descendance : elle pond en général plusieurs œufs fécondés, puis un petit nombre d'œufs non fécondés d'où un sex-ratio en faveur des femelles (Uraichuen 1999).

Cette espèce est actuellement présente dans les cinq continents, ce qui prouve sa grande capacité d'adaptation face à des conditions climatiques variées, qualité nécessaire pour une lutte biologique efficace (Gruarin 1998). *Oomyzus sokolowskii* est une espèce protélienne (seules les larves sont parasites, les adultes étant libres) et grégaire (plusieurs adultes issus d'œufs pondus par une même femelle émergent de l'hôte). Son spectre d'hôte se limite à une seule espèce, elle est à spécificité oïoxène (Birot 1998), mais cet hyménoptère peut aussi agir comme un hyperparasitoïde facultatif ou parasitoïde secondaire de *Cotesia plutellae* (Garnier 1996).

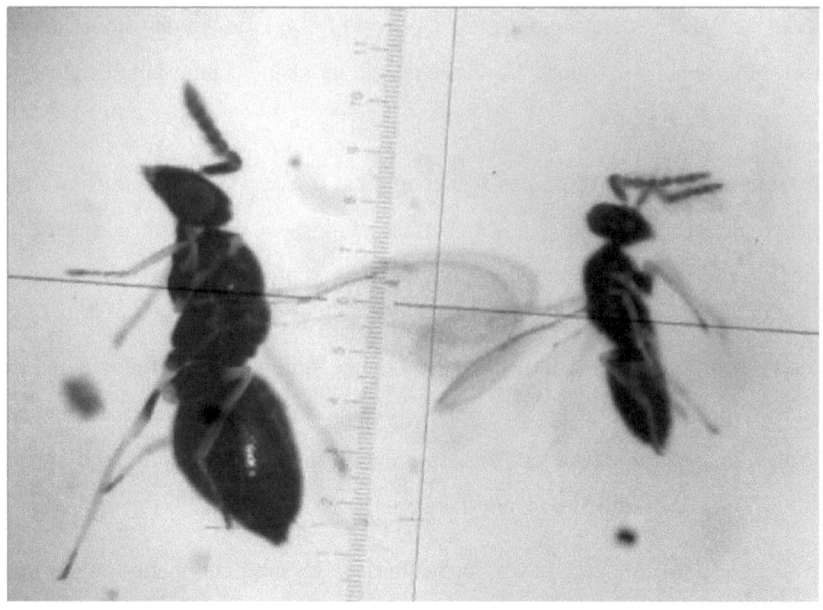

Figure 11: Couple d'*O. sokolowskii* (Femelle à gauche et Mâle à droite)

Tableau 9: Durée du cycle biologique d'*Oomyzus sokolowskii* sous différentes températures (Wang et al 1999)

Température (°C)	Cycle de développement (jours)
35	13,4 ± 0,15
32,5	11,0 ± 0,13
30	12,7 ± 0,15
25	15,6 ± 0,18
22,5	20,9 ± 0,09
20	26,5 ± 0,71

4.2. *Cotesia plutellae*

4.2.1. Systématique

Embranchement : Arthropoda

Classe : Insecta

Ordre : Hymenoptera

Super famille : Ichneumonoidea

Famille : Braconidae

Sous-famille : Microgastrinae

Genre : *Cotesia*

Espèce : *plutellae* (Kurdjumov)

4.2.2. Cycle de développement et morphologie

a. L'adulte

Il mesure environ 3 mm de long. Le corps est de couleur marron-noir. Les ailes sont transparentes. La paire antérieure porte une tache le long de la nervure costale. Il existe un dimorphisme sexuel apparent chez cette espèce :

- ✓ Chez le mâle : On distingue de grandes antennes, plus longues que le corps. Il possède un abdomen arrondi à son extrémité. Comme les autres hyménoptères à reproduction sexuée, il est haploïde, trait caractéristique de la reproduction haplodiploïde (Guilloux 2000).

- ✓ Chez la femelle : Elle est légèrement plus massive, avec des antennes plus courtes. Son abdomen est terminé par un court ovipositeur ou tarière. Elle est dipoïde (Guilloux 2000).

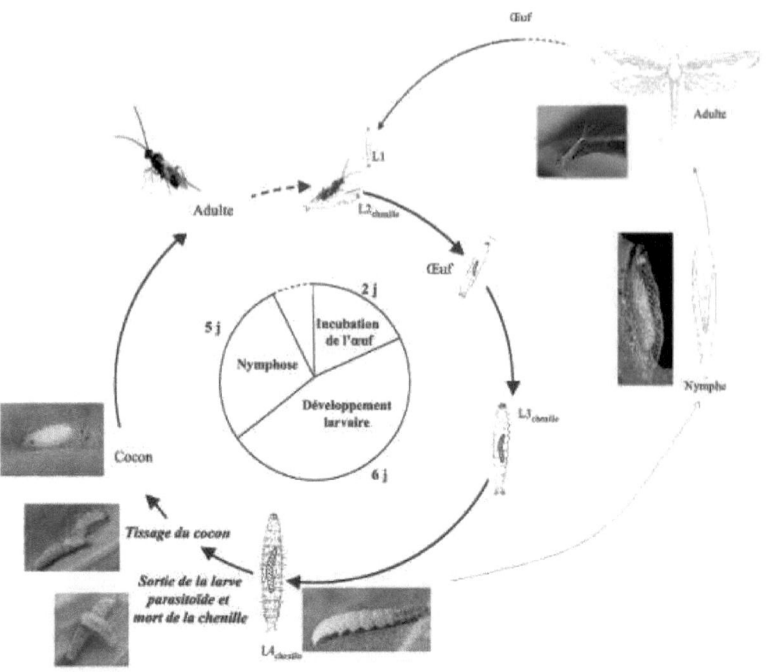

Figure 12: Cycle de développement de *C. plutellae* à 20°C (Delucchi et al. 1954, modifiée).

b. L'œuf

L'œuf est de couleur blanchâtre et en forme de croissant. Il mesure 0,3 mm de long pour 0,1 mm de diamètre. Celui-ci est pondu sans préférence de localisation dans le corps des chenilles de *P. xylostella* (Roux 2006).

c. Le stade larvaire :

Le nombre et l'aspect des phases du développement larvaire de *C. plutellae* sont controversés par plusieurs auteurs. Cependant, Guilloux (2000) a trouvé deux stades larvaires :

> ➢ La larve L1 est caractérisée par une grosse tête munie d'un prolongement caudiforme avec une vésicule caudale. Elle est ornée de spinules tergaux et

dispose de mandibules simples et pointues, qui peuvent lui servir à lutter contre les autres larves en cas de superparasitisme de la chenille-hôte (Lloy 1940).

> La larve L2 possède une petite tête faiblement chitinisée avec des mandibules légèrement dentées. Les tergites sont ponctués, sans spinules (Guilloux 2000). Elle se nourrit des fluides de son hôte, certains nutriments pouvant être captés par osmotrophie (Quicke 1997).

d. Le stade nymphal :

La larve de *C. plutellae* émerge en perforant le tégument de la chenille-hôte et tisse son cocon juste à coté d'elle. Le cocon est de couleur blanc-jaune à aspect soyeux. La nymphe se colore et se chitinise progressivement, acec séparation des appendices qui deviennent bien visibles, plaqués contre le corps (Guilloux 2000).

4.2.3. Caractéristiques bio-écologiques

Le cycle biologique de *C. plutellae* varie en fonction de la température. Il est de 11 à 14 jours à 25-27°C (Chua and Ooi 1986). L'accouplement peut se produire dès l'émergence des adultes. La femelle commence à pondre au cours des 24 heures qui suivent l'émergence (Guilloux 2000). Elle peut parasiter tous les stades larvaires de *P. xylostella*, sauf le premier, mais parait avoir une préférence pour les chenilles L2 et L3 (Talekar and Yang 1991 ; Fouilhe 1996 ; Shi et al. 2002). Son taux de parasitisme peut atteindre 75% en laboratoire (Fouilhe 1996) comme au champ (Alam 1990).

Cet hyménoptère est endoparasitoïde du stade larvaire de *P. xylostella*. Il est une espèce solitaire car d'une chenille hôte, ne sortira qu'une seule larve de *C. plutellae* même si plusieurs œufs y ont été pondus (Bach and Tabashnik 1990 ; Gruarin 1998). C'est une espèce koïnobionte : la chenille parasitée continue son développement jusqu'à la nymphose d'où sortira le parasitoïde ayant terminé son développement, ce qui accroît alors les ressources nutritives détournées (Guilloux 2000).

Dans la nature, la femelle de *C. plutellae* repère les choux attaqués par l'odeur caractéristique qu'ils émettent (Potting et al. 1999 ; Liu and Jiang 2003). De même, le superparasitisme est fréquent chez *C. plutellae*, car les femelles ne font pas la différence entre les chenilles déjà parasitées et chenilles non attaquées (Lloyd 1940). Comme de nombreux endoparasitoïdes, *C. plutellae* injecte lors de l'oviposition un polydnavirus qui permet d'éviter l'encapsulation de l'œuf (Roux 2006).

4.3. *Apanteles litae*

4.3.1. Systématique

Embranchement : Arthropoda

Classe : Insecta

Ordre : Hymenoptera

Super famille : Ichneumonoidea

Famille : Braconidae

Sous-famille : Microgastrinae

Genre : *Apanteles*

Espèce : *litae* (Nixon)

4.3.2. Cycle de développement et morphologie
a. L'adulte

L'adulte mesure environ 2,8 mm de long. Les mâles comme les femelles sont de couleur noire avec un thorax ponctué. Leurs pattes sont grêles et terminées par de petits crochets. Ils ont des ailes transparentes dont la paire antérieure présente de petits crochets, les hamulis, sur le bord supérieur.

L'espèce présente un dimorphisme sexuel :

✓ Le mâle présente des antennes aussi longues que son corps mais beaucoup plus longues que celles de la femelle. Il a une taille généralement plus petite.

✓ La femelle possède un long ovipositeur apical, caractère qui le distingue sur le terrain de la femelle de *C. plutellae* à ovipositeur court et situé ventralement. Elle a aussi un abdomen plus effilé.

b. L'œuf

L'œuf est de couleur blanche en forme de concombre. Il est terminé par un appendice. Les œufs sont déposés dans l'hémolymphe de la chenille parasitée pour une durée d'incubation d'environ 24 heures. Au terme de ce délai et après éclosion, apparait une larve de type 1.

c. Le stade larvaire

Selon Jeamblu (1995), on distingue des larves de type 1 et de type 2 :

➤ La larve de type 1 : Elle est apode et transparente avec un appendice caudal. Elle présente une tête et des pièces buccales très apparentes.

➤ La larve de type 2 : Elle est apode et vermiforme. La tête est réduite avec des mandibules dentées. Une vésicule anale se substitue à l'appendice caudal. Cette vésicule apparait en fin de premier stade puis disparait avant la sortie de la larve de son hôte. La larve est de couleur claire avec une partie longitudinale au centre plus foncée, représentant le tube digestif dont l'aboutissement est la vésicule anale. Le rôle de celle-ci est de recueillir les déjections du parasitoïde, afin d'éviter qu'il n'intoxique son propre milieu alimentaire.

d. Le stade nymphal

La larve de type 2 émerge de l'hôte par une déchirure de la cuticule. Cette sortie est suivie de la mue de la larve qui tisse un cocon à l'intérieur de celui de l'hôte. Les cocons d'*Apanteles* sont blancs à aspect parcheminé (Guilloux 2000). La nymphose dure environ 6 jours à 25°C (Jeamblu 1995).

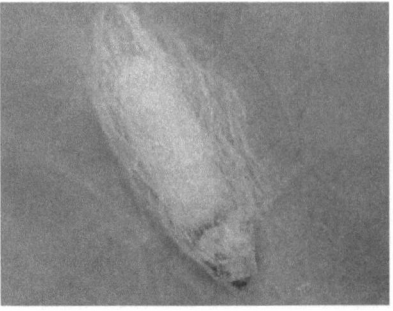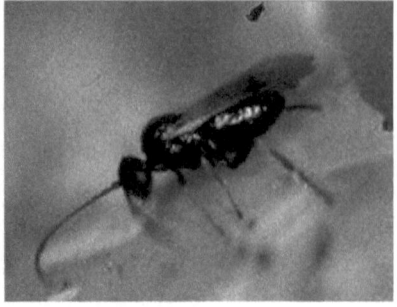

Figure 13: *Apanteles litae* (cocon et adulte)

4.3.3. Caractéristiques bio-écologiques

Cet hyménoptère est un endoparasitoïde solitaire comme *C. plutellae* avec qui, il présente quelques similitudes. C'est aussi un parasitoïde très spécifique de *P. xylostella*.

Comme la plupart des hyménoptères, *A. litae* présente une reproduction sexuée et une reproduction à parthénogénèse arrhénotoque, c'est-à-dire que les œufs fécondés donneront des mâles et des femelles, par contre, les œufs non fécondées ne produiront que des mâles. C'est un parasitoïde koïnobionte, c'est-à-dire que l'hôte poursuit son développement même après le parasitisme, ce qui offre donc au parasitoïde des ressources croissantes. Cependant, la sortie de la larve provoque la mort instantanée de l'hôte qui présente alors un aspect noirâtre et desséché (Jeamblu 1995).

Chapitre 2

Interrelations entre la teigne des Crucifères, les facteurs climatiques, les ennemis naturels et la plante hôte

Résumé

En vue d'étudier les interactions entre *Plutella xylostella* (L.), (Lepidoptera : Plutellidae), les conditions climatiques (saison, température, pluie), la plante hôte et la faune auxiliaire associée, des essais ont été conduits au champ dans les Niayes de Dakar. Les échantillonnages ont été effectués en hivernage et en saison sèche, dans des parcelles non traitées sur deux années (2009-2011). Les résultats ont montré que les populations larvaires et nymphales de *P. xylostella* étaient plus importantes dans les plants de chou en saison sèche qu'en hivernage. Une corrélation négative entre les populations du ravageur et la température a été trouvée. La corrélation était significative entre la population de la teigne et l'âge de la plante hôte. La population de *P. xylostella* augmentait avec le développement de la surface foliaire. Les stades immatures (L2 et L3) se sont développés préférentiellement chez les jeunes plants de chou contrairement aux larves de stades L4 et aux nymphes qui se développent chez les plants plus âgés. Les populations de parasitoïdes ont été plus importantes pendant la saison séche. Les fortes températures étaient corrélées à une baisse de la densité de *P. xylostella* et du taux de parasitisme. La pluviomètrie a un effet minime sur le ravageur, ses auxiliaires et la plante hôte. Une corrélation positive a été trouvée entre la population du ravageur et le parasitisme. Quatre espèces de parasitoïdes ont été trouvées : *Cotesia plutellae, Apanteles litae, Oomyzus sokolowskii* et *Brachymeria citrae*. Mais, elles n'ont pas été efficaces pour contrôler les populations de *P. xylostella*. Ces résultats sont importants pour comprendre les facteurs favorisant ou inhibant les populations de *P. xylostella* et leurs enemis naturels, et donc indispensables pour une protection efficace des cultures.

Mots clés : lutte biologique, parasitoïde, plante hôte, *Plutella xylostella*, pluviométrie, température

Introduction

Le chou, *Brassica oleracea* L., est une culture maraîchère qui joue un rôle important dans l'économie de nombreux pays, notamment en Asie et en Afrique (Grzywacz et al. 2010). La teigne des Crucifères *Plutella xylostella* L. (Lepidoptera: Plutellidae) est oligophage et considérée comme le plus important ravageur des cultures de Brassicacées (Talekar et Shelton 1993 ; Sarfraz et al. 2006.). La prolifération des populations du ravageur est favorisée par la courte durée du cycle de vie, avec un maximum de 20 générations par an dans des conditions tropicales (Vickers et al. 2004) et un fort potentiel de reproduction des femelles (Justus et al. 2000). Les dommages causés par ce ravageur sont estimés globalement à plus de 1 milliard de dollars de pertes directes (Grzywacz et al. 2010). L'utilisation d'insecticides organiques de synthèse constitue la principale stratégie de lutte contre la teigne des Crucifères (Kibata 1996). Ce ravageur a développé une résistance contre tous les principaux groupes de pesticides, y compris les biopesticides à base de *Bacillus thuringiensis* (Tabashnik et al. 1990 ; Zhou et al. 2011).

Plusieurs études (Shelton et al. 1993 ; Hill and Foster 2000 ; Liu et al. 2000) ont montré que l'utilisation des insecticides chimiques n'est pas une option de gestion durable pour les agriculteurs, car elle se heurte à des problèmes sanitaires et environnementaux (Dobson et al. 2002). Néanmoins, l'utilisation de parasitoïdes endémiques constitue une alternative aux pesticides pour l'élaboration d'une stratégie de gestion intégrée contre *P. xylostella* (Sarfraz et al. 2005). En effet, les parasitoïdes sont particulièrement sensibles aux insecticides chimiques et la compréhension de leur rôle dans l'écosystème est important pour la mise en œuvre d'une stratégie de gestion intégrée des ravageurs (Shepard et al. 1999).

Plus de 90 espèces d'insectes parasitoïdes ont été répertoriées, mais moins de 10 ont un potentiel de bio-contrôle pour *P. xylostella* (Noyes 1994). Parmi ces ennemis naturels, *Cotesia plutellae* Kurdjumov (Hymenoptera : Braconidae) est le parasitoïde larvaire de *P. xylostella* le plus abondant en Afrique du Sud (Kfir 1997 ; Mosiane et al. 2003). En Ethiopie, *Oomyzus sokolowskii* Kurdjumov (Hymenoptera:

Eulophidae), *Diadegma sp* (Hymenoptera : Ichneumonidae) et *Cotesia plutellae* sont les espèces dominantes, représentant plus de 90 % de l'ensemble des parasitoïdes (Ayalew et al. 2004). Toutefois, le parasitisme total de *P. xylostella* dépasse rarement 15 % en Afrique de l'Est (Kfir 2003). Selon Löhr et Kfir (2004), la diversité de la faune auxiliaire associée à *P. xylostella* est relativement pauvre en Afrique de l'Ouest. Au Sénégal et au Bénin, les espèces les plus communes sont *C. plutellae* et *O. sokolowskii* (Goudegnon et al. 2004 ; Sall-Sy et al. 2004), alors qu'en Côte-d'Ivoire, *Apanteles litae* Nixon (Hymenoptera : Braconidae) est l'espèce prédominante (Lohr and Kfir 2004).

Le concept de l'agroécologie, qui intègre l'agriculture dans l'écosystème naturel, est jugé utile dans la gestion des populations de *P. xylostella* (Vandermer 1995). La gestion des populations de ravageurs intègre les plantes cultivées, la flore endémique, les ennemis naturels et les facteurs climatiques (Regnault-Roger 2005). La température et l'humidité sont les facteurs climatiques les plus importants qui affectent la biologie de la teigne des Crucifères (Guo and Qin 2010). Selon Ansari et al. (2010), le développement de *P. xylostella* dépend de la plante hôte et de la température. Le développement en relation avec la température joue un rôle essentiel dans la gestion des populations de ravageurs, en particulier pour aider à prédire la période de développement des ravageurs et leurs ennemis naturels en conditions naturelles (Roy et al. 2002).

Selon Campos et al. (2003), la connaissance des interrelations entre la plante hôte, les ravageurs et leurs ennemis naturels est fondamentale pour concevoir une stratégie de lutte efficace. La gestion intégrée des populations de ravageurs (IPM) dépend aussi d'une bonne compréhension des facteurs qui affectent leur dynamique. L'objectif de ce travail est d'étudier les interactions entre le ravageur *P. xylostella* (L.), (Lepidoptera : Plutellidae), les facteurs climatiques (saison, température, pluie), la plante hôte et la faune auxiliaire associée à la teigne des Crucifères au champ.

Matériel et méthodes

Site d'étude

L'étude a été réalisée dans la zone périurbaine de Dakar, dans les Niayes, sur le site de Malika (latitude : 14°47'55 N, longitude : 17°19'81W et 189 m d'altitude). Cette zone est caractérisée par une longue saison sèche de Novembre à Juin avec une gamme de température de 15-20°C et une courte saison des pluies de Juillet à Octobre, avec des températures variant entre 25 à 35°C (Pereira 1963). Les précipitations annuelles ne dépassent pas 500 mm entre Août et Septembre. Les expériences sont réalisées en saisons sèche et pluvieuse pendant deux ans de Juin 2009 à Avril 2011.

Champ expérimental

Les choux (*Brassica oleracea* L. var. *capitata*) sont cultivés dans des petites exploitations appartenant aux agriculteurs. Aucun traitement d'insecticides n'est appliqué. Trente jours après semis, les pépinières de chou sont repiquées dans sept parcelles répétées. Chaque parcelle élémentaire est composée de six rangées de 5m de longueur, avec un espacement de 40 cm entre les plants et 60 cm entre les lignes. L'espacement entre les parcelles est de 1 m. Afin de protéger les plantes contre les nématodes phytoparasites, un traitement au Furadan (500 g) est appliqué dans le sol avant le repiquage. Le fumier de volaille (50 kg) est appliqué 10 jours plus tard avec une irrigation intensive. L'engrais NPK (10-10-20) à 5 kg et du fumier de volaille à 75 kg sont appliqués 15 jours après le repiquage. Les plants de chou sont arrosés tous les jours en utilisant l'irrigation par aspersion.

Méthode d'échantillonnage

Les échantillonnages ont commencé 10 jours après le repiquage et sont effectués tous les 10 jours dans les parcelles de choux non traitées. Les échantillons sont prélevés au hasard en sélectionnant 10 choux dans les rangées centrales de chaque parcelle. Chaque plante sélectionnée est examinée et le nombre de larves de

P. xylostella (L2 à L4), les nymphes et les cocons de parasitoïdes sont notés puis élevés au laboratoire pour déterminer les taux de parasitisme (Nofemala et Kfir, 2005). Cependant, les œufs, de même que les stades L1, endophylles, ne sont pas considérés dans l'échantillonnage. Les échantillons prélevés sont maintenus au laboratoire à 25°C, 60% d'humidité relative et 12L/12D de photopériode. Les différentes espèces de parasitoïdes rencontrées sont identifiées (par le laboratoire de taxonomie de Cirad, Montpellier, France) et leur taux de parasitisme calculé.

Les diamètres et l'âge des plants de choux recueillis lors de chaque échantillon sont notés. La température de l'air est enregistrée à l'aide d'un appareil automatique, "Tinytag", programmé via le logiciel Tinytag Explorateur 4.1 (Tinytag Explorer, 2005). Les températures sont enregistrées tous les 10 min. et ont permis d'avoir une moyenne quotidienne de la température. La pluviométrie est aussi enregistrée quotidiennement à l'aide d'un pluviomètre placé au champ. Les effets de ces paramètres sur la dynamique des populations de *P. xylostella* et les populations de parasitoïdes sont évalués.

Analyses statistiques

Les données sont normalisées par transformation logarithmique et soumises à une analyse de variance (ANOVA). L'abondance des larves et des nymphes de *P. xylostella*, les populations de parasitoïdes, la température et la pluviométrie selon la saison sont analysées à l'aide d'une ANOVA à un facteur avec le logiciel XLSTAT version 01.1.2012. Les moyennes sont séparées par le test de Student Newman Keuls. Des analyses de corrélation sont effectuées pour déterminer les relations entre les différentes variables. Le niveau de signification est maintenu à 5% dans toutes les analyses.

Résultats

Relations entre les populations de *P. xylostella* et les facteurs climatiques

Effets de la saison

La densité de population de *P. xylostella* variait significativement entre les saisons sèches et pluvieuses (F = 11,17 ; p = 0,002; tableau 10). L'abondance de *P. xylostella* était plus élevée pendant la saison sèche que la saison des pluies. Les niveaux d'infestation étaient élevés au milieu de la saison sèche (Février-Avril), fluctuant entre 100 et 800 larves et pupes par plante. Cependant, les stades immatures de *P. xylostella* étaient faibles pendant la saison des pluies (de 1 à 200 larves et pupes par plante) et le début de la saison sèche (16 à 120 larves et pupes par plante) (fig.14).

Tableau 10: Relation globale entre l'abondance des larves et des nymphes de *P. xylostella*, le parasitisme, les espèces parasitoïdes, la température et les précipitations de Juin 2009 à Avril 2011

Paramètre	Saison	
	Sèche	Pluvieuse
P. xylostella	474,0 ± 71,4a	29,1± 9,2b
Parasitisme (%)	5,5 ± 1,6a	0,4 ± 0,1b
Oomyzus sokolowskii	7,7 ± 1,5a	0,9 ± 0,3b
Apanteles litae	10,3 ± 2,3a	0,6 ± 0,2b
Cotesia plutellae	3,9 ± 2,1a	1,1 ± 0,7a
Brachymeria citrae	0 a	0,1 ± 0,1a
Température moy. (°C)	23,8 ± 1,5b	29,7 ± 2,6a
Pluviométrie tot. (mm)	0 b	498,0 ± 0,0a

Les moyennes dans les colonnes suivies par les mêmes lettres ne sont pas différentes significativement (ANOVA; SNK).

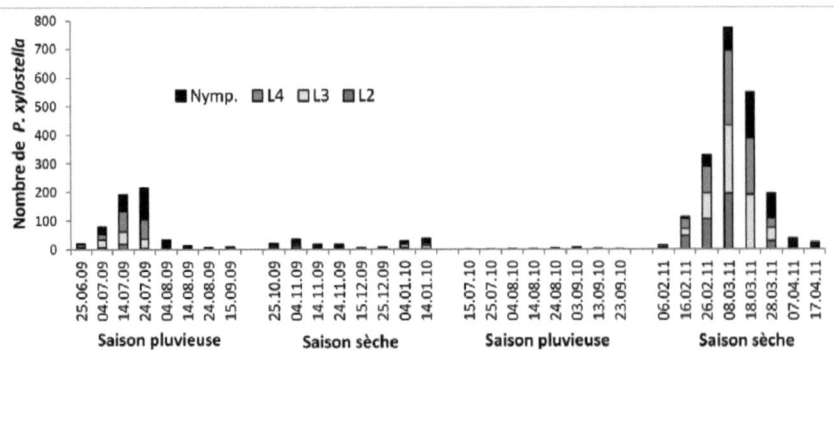

Figure 14: Abondance des stades de *P. xylostella* sur chou non traité pendant la saison pluvieuse et sèche de Juin 2009 à Avril 2011

Effets de la pluviométrie et de la température

Aucune corrélation significative n'a été trouvée entre la pluviométrie et les niveaux d'infestation de *P. xylostella* ($r = -0,198$; $p = 0,247$). Il y avait une différence significative entre les précipitations durant les saisons sèche et pluvieuse ($F = 13,75$; $p = 0,001$; tableau 10). Les précipitations ont été plus élevées pendant la saison des pluies que la saison sèche (figure 15). Il y avait une corrélation significative entre la température et les populations de *P. xylostella* ($r = -0,405$; $p = 0,014$). Il y avait aussi une différence significative entre les températures pendant les saisons sèche et pluvieuse ($F = 65,37$; $p = 0,0001$; tableau 10). Les températures étaient plus élevées (30 à 42 °C) pendant la saison des pluies que la saison sèche (figure 15).

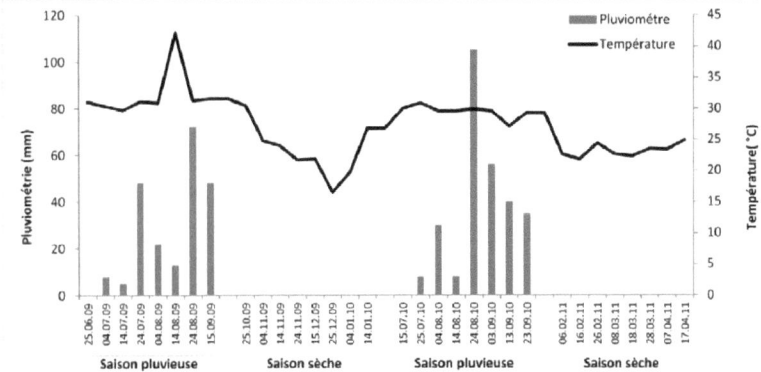

Figure 15: Pluviomètrie totale et température moyenne enregistrées à Malika (Sénégal) pendant la saison sèche et pluvieuse de Juin 2009 à Avril 2011

Relations entre les populations de *P. xylostella* et l'âge du chou

Il y avait une corrélation négative entre les jeunes stades larvaires de *P. xylostella* et l'âge de chou (r = - 0,340 ; p = 0,038). Ces jeunes stades (L2 et L3) ont diminué lorsque l'âge du chou était de 50 à 55 jours pendant la saison sèche. D'autre part, le nombre de stades âgés (L4 et nymphes) augmente avec l'âge du chou (r = 0,44 ; p = 0,007) (figure 16). Il y avait une corrélation significative entre le diamètre des plants de choux et les populations de ravageur (r = 0,39 ; p = 0,018). Le diamètre des plants de chou augmente avec l'âge de la plante.

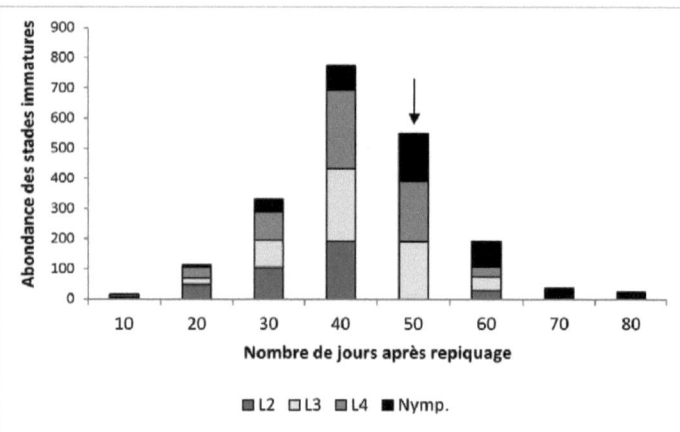

Figure 16: Relation entre l'abondance des stades immatures de *P. xylostella* et l'âge du chou en saison sèche. La flèche indique le début de pommaison (chou mature)

Relations entre les ennemis naturels et les facteurs climatiques

Effets de la saison

Les populations de parasitoïdes étaient significativement différentes selon les saisons (F = 29,81 ; p = 0,0001). Le parasitisme moyen variait significativement entre les saisons. Il était plus élevé en saison sèche et très faible en saison des pluies (tableau 10).

Quatre hyménoptères parasitoïdes indigènes ont été trouvés dans les populations de ravageurs (figure 16). *Oomyzus sokolowskii* Kurdjumov (Eulophidae), parasitoïde larvo - nymphal, est très actif tout au long de l'année et constitue l'espèce dominante (figure 17). C'était le seul parasitoïde grégaire noté au cours de cette étude. La densité de population d'*O. sokolowskii* variait significativement entre les saisons sèche et pluvieuse (F = 14,49 ; p = 0,001 ; tableau 10). *Apanteles litae* Nixon (Braconidae), parasitoïde larvaire, était prédominant pendant la saison sèche (F = 7,55 ; p = 0,009; tableau 10). *Cotesia plutellae* Kurdjumov (Braconidae), parasitoïde larvaire, est aussi noté tout au long de l'année, mais son activité est sporadique (figure 17). Il n'y avait pas de différence significative entre les saisons (F = 1,71 ; p = 0,19 ; tableau 10). Seuls deux spécimens de *Brachymeria citrae* Westwood (Chalcididae), parasitoïde nymphal, sont notés et il n'y avait pas de différences significatives entre les saisons (F = 0,23 ; p = 0,06 ; tableau 10). Aucun hyperparasitoïde n'est noté dans cette étude.

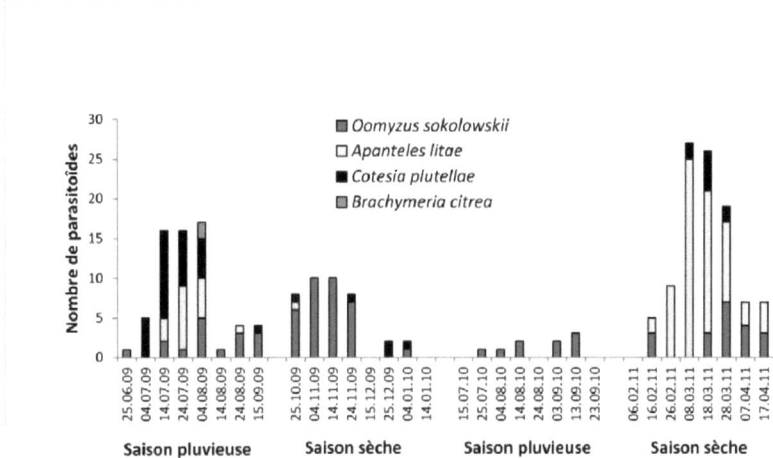

Figure 17: Abondance des parasitoïdes de *P. xylostella* sur chou non traité pendant la saison pluvieuse et sèche de Juin 2009 à Avril 2011

Effet de la pluviométrie et de la température

Il n'y a pas de corrélation significative entre la pluviométrie et les populations de parasitoïdes (r = -0,27; p = 0,1) (Figure 15). Il y a une corrélation négative entre la température et les populations de parasitoïdes (r = -0,34; p = 0,04). La corrélation est négative entre la température et *A. litae* (r = -0,35; p = 0,032). La corrélation est positive entre la température et *B. citrae* (r = 0,36; p = 0,03). Cependant, il n y a pas de corrélation significative entre la température et *O. sokolowskii* (r = -0,29; p = 0,08), mais aussi entre la température et *C. plutellae* (r = -0,13; p = 0,4).

Relations entre les ennemis naturels et l'âge du chou

La corrélation entre l'âge du chou et le parasitisme total est significative (r = -0,65;p = 0,0001; Figure 18). Il y a une corrélation négative entre l'âge du chou et *O. sokolowskii* (r = -0,44; p = 0,007; Figure 19). Cependant, il n y a pas de corrélation significative entre l'âge du chou et *A. litae* (r = -0,23; p = 0,16), *C. plutellae* (r = -0,32; p = 0,056) ou *B. citrae* (r = -0,041; p = 0,8).

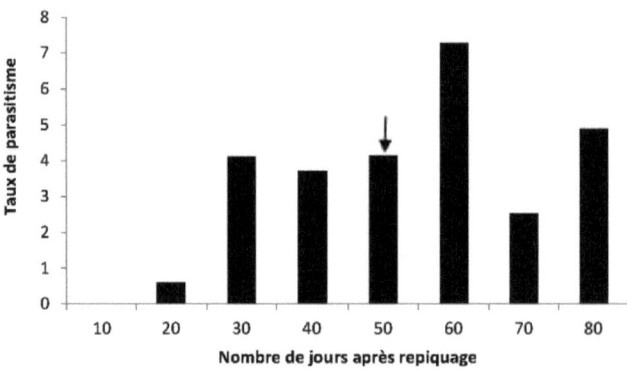

Figure 18: Relation entre le taux parasitisme de *P. xylostella* et l'âge du chou en saison sèche. La flèche indique le début de pommaison (chou mature)

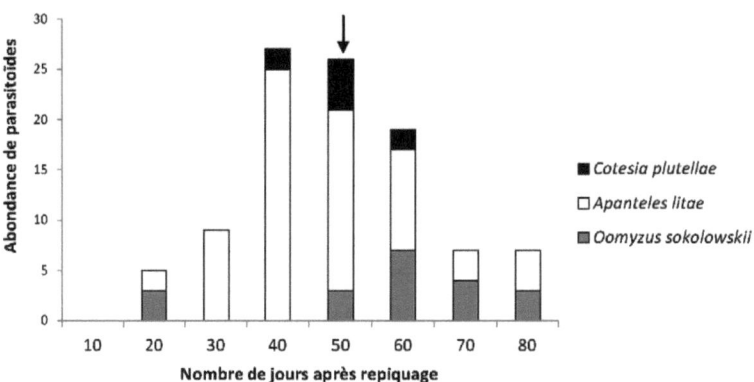

Figure 19: Relation entre l'abondance des enemis naturels et l'âge du chou en saison sèche. La flèche indique le début de pommaison (chou mature)

Relations entre les populations de *P. xylostella* et les ennemis naturels

La corrélation entre les populations du ravageur et le parasitisme total est positive (r = 0,36; p = 0,003) (Figures 16 et 19). Il y a une corrélation positive entre les populations de *P. xylostella* et *O. sokolowskii* (r = 0,38; p = 0,02), *A. litae* (r = 0,98; p = 0,0001) et *C. plutellae* (r = 0,77; p = 0,0001). Cependant, il n y a pas de corrélation significative entre les populations de la teigne et *B. citrea* (r = 0,08; p = 0,6).

Discussion

Nos résultats ont montré l'existence d'interrelations entre les populations de *P. xylostella*, les facteurs climatiques, le chou et la faune d'ennemis naturels de la teigne. L'importance des facteurs climatiques dans la dynamique des populations de ce ravageur est soulignée par plusieurs auteurs (Cohen 1982 ; Vickers et al. 2004). La population de *P. xylostella* est faible pendant la saison pluvieuse. La pluviométrie pourrait provoquer la mortalité des stades immatures de *P. xylostella*, mais elle est peu susceptible d'être un facteur majeur dans la réduction des populations du ravageur pendant cette période. L'effet néfaste des précipitations et des fortes températures sur les populations de *P. xylostella* est rapporté par plusieurs auteurs (Wakisaka et al. 1992 ; Lui et al. 2000 ; Shirai 2000 ; Waladde et al. 2001). Dans la présente étude, nous avons observé que la température influence la dynamique de la population de *P. xylostella*. Les populations du ravageur augmentent avec la baisse de la température. En saison des pluies, la température moyenne est de 29,7°C, dans la saison transitoire, elle est de 26,8°C et pendant la saison sèche, elle s'élève à 23,8°C. Ces données confirment celles d'Atwal (1955), où la température optimale pour le développement de *P. xylostella* est de 17°C à 25°C. Cependant, plusieurs auteurs ont signalé que *P. xylostella* est un ravageur plus important dans les zones tropicales qu'en zones tempérées. Ce ravageur a un grand nombre de générations par année dans les zones tropicales, par exemple, 20 en Taiwan et 28 en Malaisie (Miyata et al. 1986 ; Talekar and Shelton 1993). Au Sénégal (dans les Niayes de Dakar), les dégâts de *P. xylostella* sont plus importants pendant la saison sèche, probablement en raison de l'augmentation des surfaces cultivées en choux au cours de cette saison. Par contre, en saison des pluies, les cultures de choux se font de façon discontinue.

Il ya une corrélation significative entre les stades immatures de *P. xylostella* et l'âge du chou. En effet, le nombre de stades larvaires (L2 et L3) diminuent sur les plantes âgées, tandis que les nymphes augmentent considérablement. Selon Nofemela and Kfir (2005), la prépondérance des stades jeunes est une indication d'une population croissante, alors que l'incidence élevée des stades âgés indique une population en déclin. Ceci est probablement dû à la faible attractivité des choux âgés pour les femelles de *P. xylostella* du fait de la baisse de la qualité de la ressource (Campos et al. 2006). Dès que le chou est pommé, la production de glucosinolate diminue et les femelles vont à la recherche d'autres plantes plus jeunes pour y pondre. En effet, la concentration en glucosinolate diminue avec la maturation du chou (Hopking et al. 1998, Spencer et al. 1999). Selon Campos et al. (2003), la maturation de la plante hôte favorise l'augmentation de la mortalité des stades immatures, mais aussi réduit le développement larvaire et la fécondité.

Il existe une corrélation significative entre *P. xylostella* et les populations de parasitoïdes. Généralement, l'abondance des populations d'ennemis naturels augmente avec les populations d'hôtes (Elliott et al. 2002). Les facteurs climatiques tels que la température exerce des effets sur la virulence de l'hôte et ses parasitoïdes (Matthieu and Blanford 2003). Notre étude a montré que les températures pendant la saison sèche (de 20 à 25°C) sont favorables pour le développement, la survie et la reproduction des parasitoïdes en particulier pour *O. sokolowskii* (Wang et al. 1999).

Le parasitisme est faible et n'exerce aucune influence sur le contrôle des populations de *P. xylostella*. Cette étude confirme celle de Shepard et al. (1999). D'après Ueno and Tanaka (1997), le taux de parasitisme est faible dans la nature. Dans la zone intertropicale, le faible contrôle exercé par les parasitoïdes locaux pourrait s'expliquer par leur nombre limité en termes d'espèces et d'efficacité (15 à 20% de parasitisme) (Lohr and Kfir 2002). Il est également dû à l'importante succession de générations du ravageur et de l'usage abusif des insecticides chimiques sur ces ennemis naturels (Hill and Foster, 2000).

De nombreux agro-écosystèmes sont des environnements défavorables pour les ennemis naturels en raison du niveau élevé de perturbation (Landis et al. 2000). Au niveau biologique, chaque espèce (ravageur et ennemi naturel) doit être étudiée dans son environnement et non de façon générique, les conditions agroécologiques immédiates de la parcelle cultivée exerçant une pression de sélection (bénéfique ou non) sur le comportement des populations de ravageurs, plus encore que sur celles des ennemis naturels (Burel et al. 2000). C'est ainsi par exemple que les femelles de *C. plutellae* (Hyménoptère, Braconidae) contrôlent biologiquement les populations de *P. xylostella* au Bénin, réduisent peu celles de Martinique, et n'influent pas celles du Sénégal. Pour un contrôle plus efficace du ravageur, il devient nécessaire d'entreprendre d'autres méthodes de lutte supplémentaires à la lutte biologique.

Conclusion

1. La présente étude a montré que les facteurs climatiques ont influencé la dynamique des populations de *P. xylostella* et leurs ennemis naturels. La densité des ravageurs augmente avec la baisse de la température. Les femelles de *P. xylostella* pondent sur les choux relativement jeunes où la présence des jeunes larves est plus importante, alors que les stades plus matures se retrouvent principalement dans les choux âgés.

2. Les agriculteurs peuvent éviter les traitements chimiques 40 jours après le repiquage, car les choux ne sont pas attractifs pour les populations de ravageurs. En effet, la réduction de ces traitements favorise la survie de la faune parasitoïde, malgré leur faible incidence observée.

3. Pour les traitements contre les populations larvaires, les maraîchers doivent utiliser des biopesticides tels que *Bacillus thuringiensis* (Bt) pour un contrôle plus efficace. Ces produits biologiques n'ont pas d'effets sur les ennemis naturels.

Chapitre 3

Etude de traits d'histoire de vie d'*Oomyzus sokolowskii* Kurdjumov (Hymenoptera: Eulophidae), parasitoïde de la teigne des Crucifères

Résumé

Oomyzus sokolowskii (Kurdjumov) (Hymenoptera : Eulophidae) est un parasitoïde de *Plutella xylostella* (L.) (Lepidoptera : Plutellidae) majoritairement rencontré au Sénégal. L'objectif de ce travail est d'étudier quelques traits d'histoire de vie du parasitoide tels que le cycle de développement, le dimorphisme sexuel, le mode de reproduction, le comportement de ponte et de recherche de l'hôte en conditions de laboratoire. Les résultats ont montré que la durée moyenne de développement du parasitoïde est de 15,6 jours à 25°C. Il existe un dimorphisme sexuel lié à la taille chez *O. sokolowskii*. Les femelles sont significativement plus grandes que les mâles. Le taux de parasitisme est différent entre les femelles accouplées et les femelles non accouplées. Les femelles accouplées ont produit une descendance normale composée de mâles et de femelles alors que les femelles vierges ont donné seulement des mâles. Cette espèce synovogénique peut aussi parasiter tous les stades larvaires et les prénymphes de *P. xylostella*. Cependant, le taux de parasitisme est plus élevé chez les larves L4. Dans la recherche de l'hôte, la femelle d'*O. sokolowskii* semble plus agressive vis à vis des chenilles quand elle se trouve dans un pondoir de 7 cm^3 de volume, où le taux de parasitisme est plus important que dans un pondoir plus grand ou plus petit. Les résultats obtenus permettent une meilleure connaissance de la biologie d'*O. sokolowskii* et de rendre plus efficace son utilisation lors de la mise en place de programmes de gestion des populations de *P. xylostella* basés sur la libération d'ennemis naturels.

Mots clés : *Plutella xylostella*, dimorphisme sexuel, ovogénie, parthénogenèse, koinobionte, comportement, lutte biologique.

Introduction

Les parasitoïdes sont des insectes dont les femelles pondent leurs œufs dans ou sur d'autres invertébrés (essentiellement d'autres insectes) et dont les larves se nourrissent de l'hôte et finalement le tuent (Jervis et al. 2001). L'étude de la biologie et du comportement des parasitoïdes a d'abord été motivée par leur intérêt en tant qu'auxiliaires dans des programmes de lutte biologique (Van Alphen and Jervis 1996). Les traits d'histoire de vie sont directement liés à la fitness des organismes c'est-à-dire à leur succès reproducteur et à leur survie (Le Lann et al. 2011). La fitness des parasitoïdes est généralement mesurée par les traits d'histoire de vie comme la taille, la fécondité, la durée de développement, le sex-ratio et la survie (Roitberg et al. 2001).

Ces auxiliaires peuvent avoir différents modes de développement. Les parasitoïdes koïnobiontes dont les larves évoluent en même temps que leur hôtes et émergent à la fin de leur développement et les idiobiontes, qui tuent ou paralysent leur hôte au moment du parasitisme et doivent se contenter des ressources disponibles au moment de la ponte (Quicke 1997). D'après Godfray (1994), les idiobiontes parasitent essentiellement les œufs, les nymphes et les adultes tandis que les koïnobiontes s'attaquant aux œufs mais surtout aux larves. Ces modes de vie différents sont liés à des stratégies d'histoire de vie contrastées (Askew and Shaw 1986). Des études comparatives sur un large nombre d'espèces ont démontré que le mode de développement des parasitoïdes était corrélé à leurs traits d'histoire de vie (Blackburn 1991; Mayhew and Blackburn 1999; Jervis et al. 2001, 2003).

Il existe une reproduction sexuée chez la plupart des hyménoptères parasitoïdes mais aussi une reproduction par parthénogenèse. Hormis, un certain nombre d'espèces ou souches parthénogénétiques thélytoques chez lesquelles les femelles ne produisent que des filles, la plupart des hyménoptères parasitoïdes se reproduisent par parthénogénèse arrhénotoque facultative. Les femelles se développent ainsi à partir des œufs fécondés et les mâles à partir des œufs non fécondés (Metzger et al. 2008). Les femelles accouplées conservent le sperme dans leur spermathèque et peuvent avoir la capacité de contrôler le sex-ratio de leur progéniture en modifiant la proportion d'œufs fécondées pondus (Ratnieks and Keller 1998).

Chez les parasitoïdes, la production des œufs a été identifiée comme un important trait d'histoire de vie (Papaj 2000; Rosenheim et al. 2000; Jervis et al. 2001). Elle est mesurée par l'indice d'ovogénie qui varie de 0 à 1 et est défini comme le rapport de la charge en œufs matures à l'émergence (charge initiale en œufs) sur la fécondité potentielle au cours de la vie de la femelle (Jervis et al. 2001). Par ailleurs, Flanders (1950) classifiait les hyménoptères parasitoïdes en deux groupes: les espèces proovogéniques qui ont tous ou presque tous leurs œufs matures avant le début de la ponte et les espèces synovogéniques qui continuent à mûrir leurs œufs tout au long de leur vie reproductive. Selon Jervis et al. (2001), les espèces proovogéniques ont un indice égal à 1 alors que chez les espèces synovogéniques, l'indice est inférieur à 1. L'ovogénie est un concept qui aide à comprendre l'évolution des stratégies d'histoire de vie chez les insectes (Jervis et al. 2001).

Le comportement de recherche de l'hôte par la femelle représente un facteur important pour le développement de leur progéniture (Mackauer and Völkl 1993; Godfray 1994). En effet, la connaissance du comportement de recherche de l'hôte par le parasitoïde est fondamentale pour la mise en œuvre d'un programme de contrôle biologique réussi (Godfray 1994). Pour trouver leur hôte, les parasitoïdes peuvent utiliser des signaux chimiques émis par l'hôte tels que les phéromones sexuelles (Leal et al. 1995) ou les phéromones d'agrégation (Yasuda and Tsurumachi 1995). Ils peuvent se baser aussi sur les composés volatiles produits par la plante infestée (Choh et al. 2008; Kawazu et al. 2010).

L'espèce *Oomyzus sokolowskii* (Kurjumov), un des principaux parasitoïde de *Plutella xylostella* (L.), constitue un potentiel agent de lutte biologique contre la teigne des Crucifères (Fitton and Walker 1992). Il parasite naturellement son hôte (Ferreira et al. 2003). D'après Wang et al. (1999), *O. sokolowskii* peut parasiter tous les stades larvaires de l'hôte mais de préférence les larves L3 et L4. Ce parasitoïde adapté aux conditions de température élevée a été introduit dans la zone tropicale et subtropicale pour contrôler *P. xylostella* (Talekar and Hu 1996). Cette espèce est grégaire et cosmopolite à l'instar de son hôte (Fitton and Walker 1992). *O. sokolowskii* est un des parasitoides majeurs de *P. xylostella* dans la plupart des pays asiatiques comme en Inde, au Pakistan, au Japon et en Chine (Liu et al. 1997). Elle se rencontre sur le continent africain en Afrique du Sud (Nofemela and Kfir 2005), en Zambie. Ayalew and Ogol (2006) rapporte qu'*O. sokolowskii* est l'espèce prédominante dans la vallée du Rift. Au Sénégal, elle est la plus répandue des parasitoides de *P. xylostella* (Sall-Sy et al. 2004). L'espèce est retrouvée aussi aux USA, au Brésil (Guilloux et al. 2003), en Jamaique et sur les autres îles des Caraïdes (Alam 1990). Des succés liés à l'introduction de cette espèce ont été rapportés à Trinidad, aux îles du Cap Vert et en Malaisie (Ooi 1988).

L'objectif de ce travail est d'étudier en conditions de laboratoire quelques traits d'histoire de vie de cet hyménoptère parasitoïde: cycle de développement, taille des adultes, ovogénie, fécondité, mode de reproduction, préférence du parasitoïde et comportement de recherche de l'hôte par la femelle d'*O. sokolowskii*.

Matériel et méthodes

Elevage des insectes

L'étude a été effectuée au laboratoire d'entomologie du Centre de Coopération Internationale de Recherche Agronomique pour le Développement (CIRAD) de Montpellier (France). La population d'*O. sokolowskii* a été obtenue à partir de nymphes parasitées de *P. xylostella* collectées en 2011 dans des parcelles de choux (*Brassica oleracea* var. *capitata*) de Fass Boye, localité située dans la zone des "Niayes", au nord ouest du Sénégal. La population de *P. xylostella* est issue du même endroit.

L'élevage d'*O. sokolowskii* consiste à exposer des chenilles L4 de *P. xylostella* à la ponte des femelles du parasitoïde dans une boîte ronde en plastique transparent de 80mm de diamètre et 50mm de hauteur. Après 24 h, les chenilles sont retirées et placées dans un récipient identique, elles sont nourries jusqu'à leur nymphose. Les papillons, issus des nymphes non parasitées, sont éliminés au fur et à mesure de leur émergence. Les adultes d'*O. sokolowskii*, issus des nymphes parasitées, sont récupérés et nourris avec des gouttes de miel déposées sur le grillage du couvercle.

Dans le cas de l'hôte, *P. xylostella*, les pontes déposés sur un plant de moutarde de chine (*Brassica juncea*) sont récupérées toutes les 24 h. A l'éclosion, les néonates sont placées sur des feuilles fraiches de chou fleur (*Brassica oleracea* var. *botrytis*). Au dernier stade larvaire, elles sont transférées sur des feuilles saines déposées au fond d'une grande boite en plastique (280mm×270 mm) où elles effectuent leur nymphose. Les nymphes sont collectées quotidiennement. A l'émergence, les adultes sont placés dans une cage pondoir cubique de 500mm de côté et nourris avec de l'eau et du miel.

Les élevages de masse de l'hôte et de son parasitoïde ainsi que tous les essais effectués dans cette étude ont été menés dans des salles climatiques réglées aux conditions suivantes ; 25°C de température, 60% d'humidité relative et 12L/12D de photopériode.

Développement d'*O. sokolowskii*

Cette étude a été basée sur des observations journalières de nymphes de *P. xylostella* parasitées. Quinze femelles d'*O. sokolowskii* âgées de 24h sont mises en présence de 30 chenilles L4 de *P. xylostella*. Après 24h, les nymphes formées sont récupérées, puis placées individuellement dans des piluliers en plastique transparent.

Taille des adultes et ovogénie

La taille des adultes d'*O. sokolowskii* a été évaluée par la mesure de la longueur des tibias postérieurs à l'aide d'une loupe binoculaire munie d'un micromètre oculaire. Nous avons comparé la taille moyenne des tibias postérieurs de 30 mâles et de 30 femelles âgés de 24 h.

L'indice d'ovogénie a été calculé selon la formule de Jervis et al. (2001). Elle se définit comme le rapport de la charge en œufs initiale sur la fécondité potentielle au cours de la vie adulte. La charge en œufs initiale correspond au nombre d'œufs matures à l'émergence des femelles. Pour déterminer la charge en œufs initiale, nous avons utilisé des femelles d'*O. sokolowskii* vierges. Ainsi, des chrysalides de *P. xylostella* parasitées par *O. sokolowskii* ont été disséquées et des nymphes du parasitoïde sont récupérées puis placées séparément dans des piluliers. Dès leur émergence, trente femelles vicrges ont été récupérées et disséquées sous une loupe binoculaire pour compter le nombre d'œufs prêts à être déposés pour chaque femelle. La fécondité potentielle au cours de la vie adulte est égale à la somme des œufs déposés plus le nombre d'œufs restants dans l'abdomen après la mort de la femelle. Une femelle accouplée d'*O. sokolowskii* et âgée de 24h a été mise en présence de deux chenilles L4 de *P. xylostella*. Chaque jour, de nouvelles chenilles L4 ont été présentées à la femelle jusqu'à sa mort. Après 24h de contact, les nymphes formées sont placées individuellement dans des piluliers. Le nombre d'œufs pondus dans les chenilles hôtes et la durée de ponte de la femelle ont été calculés. La femelle morte est disséquée et le nombre d'œufs restants dans l'abdomen compté. Trente femelles sont utilisées à cet essai.

Parthénogénèse

Une trentaine de chrysalides de *P. xylostella* parasitées sont disséquées à la recherche de nymphes d'*O. sokolowskii*. Ces nymphes sont récupérées et isolées dans des piluliers où elles poursuivent leur développement afin de donner des mâles et des femelles vierges. Parmi ces femelles non accouplées, 30 individus sont récupérés et placés séparément en présence de deux chenilles L4. La même opération est effectuée en comparaison avec des femelles accouplées d'*O. sokolowskii*. Au bout de 24 heures de contact avec la femelle, les nymphes néoformées sont placées individuellement dans des piluliers et suivies jusqu'à l'émergence des parasitoïdes ou de papillons adultes. Les parasitoïdes émergés sont sexés. Le taux de parasitisme, le nombre d'adultes d'*O. sokolowskii* produits et le sex-ratio (% femelles) sont calculés et comparés entre les femelles non accouplées et les femelles accouplées.

Préférence du parasitoïde

Différents stades de *P. xylostella* (L2, L3, L4, prénymphes et nymphes) sont testés avec des femelles du parasitoïde âgées de 24h. Pour chaque stade de l'hôte, 30 individus de même âge sont mis en présence de 15 femelles d'*O. sokolowskii*. Après 24 h de contact, les nymphes formées de sont récupérées et isolées individuellement dans des piluliers. Elles sont suivies jusqu'à l'émergence de parasitoïdes ou de papillons adultes. Cinq répétitions sont réalisées pour chaque stade de l'hôte. Le taux de parasitisme est calculé à partir du nombre de chenilles et de nymphes parasitées.

Recherche de l'hôte

Pour étudier le comportement de recherche de l'hôte par la femelle d'*O. sokolowskii*, nous avons utilisé trois pondoirs de volume différents (3 cm^3 ; 7 cm^3 et 40 cm^3), dans lesquels une femelle du parasitoïde âgée de 24 h est mise en présence de deux chenilles L4. Après 24h de contact, les chenilles sont récupérées et placées individuellement dans des piluliers. Elles sont suivies jusqu'à l'émergence des parasitoïdes. Dix répétitions sont effectuées pour chaque pondoir et avec un même nombre d'hôtes. Le taux de parasitisme, la production moyenne de la femelle, le nombre de femelles ayant pondues, le sex-ratio (% femelle) et la durée de développement de la descendance sont comparés entre les trois pondoirs.

Analyses statistiques

Les données sont normalisées puis analysées avec le logiciel XLSTAT version 01.1.2012. Les moyennes sont séparées par le test de Student Newman Keuls. Les tailles des adultes d'*O. sokolowskii* ont été comparées avec le test de comparaison de moyenne (test-t). La productivité, le taux de parasitisme et le sex ratio entre les femelles accouplées et les femelles non accouplées sont analysés également avec le test-t. Le sex ratio (en %) a été calculé selon la formule de Silva-Torres et al. (2009), comme le rapport entre le nombre de femelles sur le nombre total d'adultes produits. Les taux de parasitisme des différents stades de l'hôte sont comparés en utilisant l'analyse de variance (ANOVA) à un facteur. La productivité par femelle, le taux de parasitisme, le sexe ratio et la durée de développement de la descendance issus des trois pondoirs de volume différents sont analysés en utilisant l'ANOVA. Pour toutes les analyses statistiques, le niveau de significativité a été fixé à 5%.

Résultats

Développement d'*O. sokolowskii*

La durée d'incubation est de 48 à 72 h. Les œufs sont agrégés les uns aux autres formant ainsi un ou plusieurs amas de 5 à 20 d'unités. La plupart des œufs sont regroupés dans la partie postérieure de la chenille et la présence d'œufs isolés est parfois observée. Quatre jours après le parasitisme, l'éclosion des œufs donne de jeunes larves vermiformes, arrondies aux extrémités et visibles par transparence à l'intérieur de la nymphe parasitée devenue brune. Ces larves grossissent au fur et à mesure de leur développement et finissent par occuper la quasi-totalité du corps de la chrysalide. La durée du stade larvaire est comprise entre de 4 et 7 jours. Les nymphes du parasitoïde sont blanches puis les yeux se colorent en rouge et leur corps devient noir. Le stade nymphal se déroule sur 8 jours en moyenne. Les adultes émergent de la nymphe parasitée en perçant plusieurs trous à travers la cuticule. Dans nos conditions d'étude, le cycle (de l'œuf à l'adulte) est de 15 jours en moyenne (Figure 20).

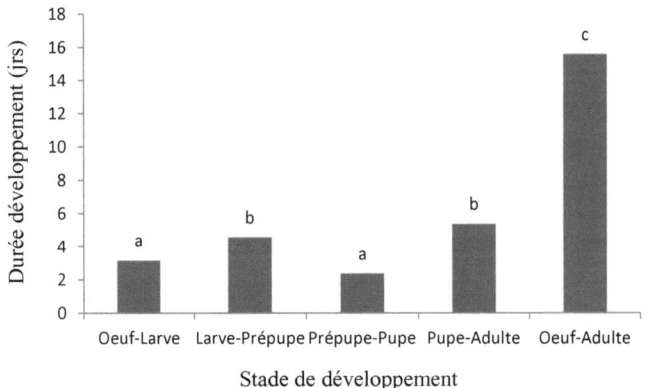

Figure 20: Cycle de développement (en jours) d'*O. sokolowskii* de l'oeuf à l'adulte à 25 °C. Les différentes lettres indiquent les différences significatives (SNK; $P < 0{,}05$)

Taille des adultes et ovogénie

La différence de taille entre les tibias des mâles et des femelles est significative (t = -8,707 ; ddl = 58 ; P<0,0001). Les femelles d'*O. sokolowskii* sont significativement plus grandes que les mâles (Tableau 11).

La femelle d'*O. sokolowskii* possède en moyenne une charge en œufs initiale égale à 14,1 œufs avec une variation comprise entre 0 et 36 œufs. La fécondité potentielle moyenne a été de 53,6 œufs et varie de 47 à 64 œufs. L'indice d'ovogénie chez cette espèce est de 0,3 (Tableau 11).

Tableau 11: Dimorphisme sexuel, fécondité et indice d'ovogénie (moy ± SE) d'*O. sokolowskii*

	Longueur tibia (mm)	Charge en œufs initiale	Fécondité potentielle	Indice d'ovogénie
Mâle	0,3 ± 0,01 a	-	-	-
Femelle	0,4 ± 0,01 b	14,1 ± 1,68	53,6 ± 1,60	0,3

Les moyennes dans les colonnes suivies par les mêmes lettres ne sont pas différentes significativement (test-*t*; P > 0,05).

Parthénogenèse

Le taux de parasitisme est significativement différent entre les femelles non accouplées et les femelles accouplées (t = 6,39; ddl = 6; P = 0,0007). Les femelles accouplées ont produit une descendance normale (mâle et femelle) alors que les femelles non accouplées n'ont donné que des mâles (Tableau 12).

Tableau 12: Production, taux de parasitisme et sex ratio (moy ± SE) entre les femelles accouplées et non accouplées d'*O. sokolowskii*

	Mâles	Femelles	Adultes	Parasitisme (%)	Sex ratio
Femelle accouplée	1,8 ± 0,41 a	8,4 ± 0,73 a	10,2 ± 1,04 a	45,6 ± 3,92 a	83,0 ± 2,03 a
Femelle non accouplée	10,3 ± 0,87b	0,0 ± 0,00 b	10,3 ± 0,86 a	12,2 ± 0,14 b	0,0 ± 0,00 b

Les moyennes dans les colonnes suivies par les mêmes lettres ne sont pas différentes significativement (test-t; P > 0,05).

Préférence du parasitoïde

Le taux de parasitisme d'*O. sokolowskii* varie significativement avec l'âge de l'hôte ($F_{4,16}$ = 26,23; P <0,0001). Il est significativement plus élevé chez les stades larvaires L4. Il n'y a pas de différentes significatives entre les stades larvaires L2 et L3 (P > 0,05). Le taux de parasitisme est significativement plus faible chez les prénymphes et nul avec les nymphes (Tableau 13).

Tableau 13:Taux de parasitisme d'*O. sokolowskii* en fonction de l'âge-hôte

Age-hôte (stades)	Parasitisme (%)	Intervalle (%)
2nd	39,9 ± 7,57 b	23,3 – 63,3
3rd	54,7 ± 8,71 b	23,3 – 73,3
4th	75,9 ± 2,43 c	70,0 – 83,3
Prépupe	15,3 ± 5,86 a	0,0 – 36,7
Pupe	0,0 ± 0,00 a	0,0 – 0,0

Les moyennes dans les colonnes suivies par les mêmes lettres ne sont pas différentes significativement (test-t; P > 0,05).

Recherche de l'hôte

Le taux de parasitisme est significativement différent dans les trois boites pondoirs (F $_{(2,18)}$ = 15,87 ; P <0,0001). Il a été significativement plus élevé dans le pondoir B (P < 0,05) que dans les boites A et C. Dix femelles ont pondu dans les chenilles des pondoirs B alors qu'avec les pondoirs A et C, respectivement 3 et 1 femelle ont déposé des œufs. Le nombre de descendants par femelle est significativement différent entre les trois pondoirs (F $_{(2,18)}$ = 5,37 ; P = 0,02). Il a été significativement le plus faible dans le pondoir C. Le nombre de descendants est significativement différent dans les pondoirs A et B (P > 0,05). Le sexe ratio de la descendance n'a pas été significativement différent entre les 3 pondoirs (F $_{(2,18)}$ = 1,42 ; P = 0,28). La durée du cycle de développement de la descendance a été significativement différente entre les pondoirs (F $_{(2,18)}$ = 9,01 ; P = 0,004). Elle est plus longue dans le pondoir C (P < 0,05). Cependant, elle n'est pas différente statistiquement dans les pondoirs A et B (P > 0,05) où elle est plus courte (Tableau 14).

Tableau 14: Effet du volume pondoir sur le taux de parasitisme et la production des femelles d'*O. sokolowskii* (moy ± SE)

Volume	Parasitisme (%)	Fem. pondues	Femelles	Adultes	Durée dév. (jrs)	Sex ratio
3 (A)	30,0 ± 15,31 b	3	5,9 ± 3,01a	6,6 ± 3,43a	14,3 ± 0,35a	89,5 ± 0,84a
7 (B)	85,5 ± 7,60 c	10	13,6 ± 1,70b	15,7 ± 2,04b	15,7 ± 0,30a	86,8 ± 2,36a
40 (C)	5,0 ± 3,93 a	1	0,8 ± 0,54a	1,0 ± 0,61a	18,0 ± 0,04b	80,0 ± 0,02a

Les moyennes dans les colonnes suivies par les mêmes lettres ne sont pas différentes significativement (ANOVA; SNK). Le sex ratio correspond au pourcentage de femelles.

Discussion

Oomyzus sokolowskii est un endoparasitoïde larvo-nymphal, son cycle de développement se déroule entièrement à l'intérieur de son hôte. Les œufs pondus se développent grâce aux éléments nutritifs de la chenille puis de la nymphe d'où ils émergent sous forme d'adultes. Les mâles et les femelles émergent indifféremment en premiers, contrairement à *Tetrastichus howardi*, un autre Eulophidae parasitoïde chez qui les femelles sont les premières à sortir grâce à leurs mandibules plus puissantes (Birot et al. 1999). Dans nos conditions expérimentales, la durée du cycle biologique est de 15 jours en moyenne et est semblable à la durée de développement rapporté par d'autres auteurs. Wang et al. (1999) ont trouvé une durée de développement égale à 15,6 jours à 25°C.

Par ailleurs, la longueur des tibias postérieurs est le meilleur indicateur de la taille du corps chez les parasitoïdes (Mills and Kuhlmann, 2000 ; Riddick, 2005 ; Da Rocha et al. 2007). Chez les adultes d'*O. sokolowskii*, il apparaît un dimorphisme sexuel lié à la taille. La femelle a une taille supérieure à celle du mâle. C'est souvent le cas chez les hyménoptères comme le rapporte Bokonon-Ganta et al. (1995) qui ont montré que les femelles *d'Anagyrus mangicola* (Hymenoptera: Encyrtidae) étaient plus grandes que les mâles, ainsi que Aruna and Manjunath (2010) qui ont démontré que les femelles de *Nesolynx thumus* (Hymenoptera : Eulophidae) étaient également plus grandes que les mâles. D'après La Barbera (1989), le dimorphisme sexuel lié à la taille a été observé chez de nombreuses espèces animales. Mackauer and Sequeira (1993) ont attribué les différences de taille entre les sexes chez les hyménoptères parasitoïdes à leur durée de développement, les mâles émergeant les premiers sont donc plus petits. D'après Thompson (1993), la taille plus importante des femelles s'explique par l'efficacité de leur métabolisme au stade larvaire. Selon Mackauer (1996) et West et al. (1996), il existe une forte relation entre la taille des femelles et la fécondité, elles sont plus grandes que les mâles car leur gain énergétique est élevé. Cependant, Harvey and Strand (2003) ont signalé que chez *Microplitis mediator* (Hymenoptera : Braconidae), ennemi naturel de *Pseudoplusia includens* (Lepidoptera: Noctuidae), les mâles sont plus grands et ont une durée de développement plus courte que les femelles. En effet, ces auteurs attribuent cette exception à un ensemble de facteurs tels que les pressions de sélection favorisant un développement plus important des mâles, la réduction de taille des femelles pourrait éviter les risques de prédation et minimiser les coûts de reproduction. Da Rocha et al. (2007) ont également montré que chez *Gryon gallardoi* (Hymenoptera : Scelionidae), parasitoïde de *Spartocera dentiventris* (Hemiptera: Coreidae), les mâles sont plus grands que les femelles concernant la taille des tibias. Néanmoins, d'après ces auteurs, ces résultats ne démontrent pas que les mâles soient plus grands que les femelles, mais que la taille des tibias peut ne pas être la mesure la plus appropriée pour comparer la taille du corps entre les sexes chez cette espèce, la largeur de la tête serait une mesure plus adéquate. Chez la plupart des espèces, la taille du corps peut fortement influencer leur fitness, c'est ainsi qu'elle est corrélée avec les autres traits d'histoire de vie tels que la durée de développement, la longévité et la capacité reproductive (Jervis and Copland 1996; Eijs and van Alphen 1999; Mayhew and Glaizot 2001). La taille d'un parasitoïde est considérée comme étant un des plus importants traits d'histoire de vie qui contribue au succès du contrôle biologique d'un ravageur (Aruna and Manjunath 2010).

Hormis la reproduction sexuée, les femelles d'*O. sokolowskii* sont capables de se reproduire par la parthénogenèse. En effet, les femelles non accouplées ne sont pas stériles mais produisent une descendance composée uniquement de mâles, d'où une parthénogenèse de type arrhénotoque. Nos résultats sont en adéquation avec ceux trouvés par Infante et al. (2005), qui ont démontré que les femelles vierges de *Prorops nasuta* (Hymenoptera : Scelionidae) produisaient seulement une descendance mâle. La reproduction sans fécondation a l'avantage de produire une descendance aussi grande que la reproduction sexuée sans la présence de mâle. Nos résultats ont montré que les femelles accouplées et vierges produisaient le même nombre de descendants. Ils sont similaires à ceux rapportés par Metzger et al. (2008) qui ont démontré que les femelles accouplées et vierges de *Venturia canescens* Gravenhorst (Hymenoptera : Ichneumonidae) produisaient le même nombre de descendants. La parthénogenèse est une opportunité de reproduction des femelles qui ne parviennent pas à s'accoupler avec les mâles (Matsuura et al. 2004). Les espèces parthénogénétiques sont très répandues dans le règne animal (Kramer and Templeton 2001). Cependant, l'activité parasitaire des femelles vierges est faible comparée aux femelles accouplées. L'accouplement semble stimuler la capacité de parasitisme des femelles. Il est démontré que la descendance issue de la parthénogénèse est généralement moins viable que la progéniture produite sexuellement chez de nombreuses espèces d'insectes (Corley et al. 1999). Par ailleurs, la parthénogenèse facultative a une grande importance adaptative, en particulier lorsque l'efficacité d'appariement est faible (Matsuura et al. 2004).

Dès leur émergence, les femelles d'*O. sokolowskii* disposent d'un nombre réduit d'œufs pour la ponte. Cependant, elles ne semblent pas être limitées en nombre d'œufs pour les premières attaques. Nos résultats montrent que la femelle continue à mûrir ses œufs tout au long de sa vie reproductive. D'après Jervis et al. (2001), le nombre d'œufs que la femelle dépose au cours de sa vie est déterminé par les interactions entre trois facteurs : le nombre d'hôtes adéquats rencontrés, le nombre d'œufs matures pendant la durée de vie de la femelle et la manipulation comportementale du taux de ponte. Les travaux d'Ellers and Jervis (2003) sur des hyménoptères parasitoïdes ont révélé une charge en œufs initiale comprise entre 15 et 435 œufs et une fécondité potentielle au cours de la vie variant entre 40 et 835 œufs. D'après Jervis et al. (2001), une espèce synovogénique a un indice d'ovogénie inférieur à 1. *Oomyzus sokolowskii* est donc une espèce synovogénique. Les résultats obtenus sont similaires à ceux rapportés par Jervis et al. (2001) qui ont trouvé un indice moyen égal à 0,22 et un indice maximal de 0,75 pour des hyménoptères synovogéniques. Les travaux de Jervis et al. (2001) ont aussi montré que les espèces synovogéniques sont prédominantes comparées aux proovogéniques, qui sont plus rares dans la nature. Sur 638 espèces de parasitoïdes étudiés, 98,12 % représentant 626 espèces sont synovogéniques, alors que seulement 12 espèces soit 1,88% sont proovogéniques. Cependant, la durée moyenne de ponte correspondant à la durée de vie d'*O. sokolowskii* semble relativement faible. En effet, Mayhew and Blackburn (1999), utilisant la phylogénie basée sur les techniques des statistiques appliquées ont établi que les espèces koïnobiontes ont une durée de vie adulte plus courte, une fécondité réalisée plus élevée et un taux d'oviposition plus important que chez les idiobiontes. Selon Jervis et al. (2001), l'indice d'ovogénie semble lié au mode de développement du parasitoïde. Ces auteurs ont aussi montré que les parasitoïdes koïnobiontes tendent à avoir un indice d'ovogénie en moyenne plus élevé que les espèces idiobiontes. *Oomyzus sokolowskii* est un parasitoïde koïnobionte, c'est-à-dire que l'hôte poursuit son développement même après l'infestation. C'est un parasitoïde larvo-nympal et grégaire. D'après Talekar and Hu (1996); Wang et al. (1999), *O. sokolowskii* parasite tous les stades larvaires et même les stades plus âgés (prénymphes et nymphes) de *P. xylostella*. Lors de notre étude, aucune nymphe mise en contact avec les femelles de l'hyménoptère ont été parasitées. Les femelles ne reconnaissent que la cuticule des chenilles pour pouvoir pondre. Les parasitoïdes koinobiontes ont développé divers mécanismes d'adaptation pour exploiter un large éventail de stades d'hôte, tel que l'altération du comportement de l'hôte (Slansky 1986), la manipulation du développement de l'hôte (Vinson and Iwantsch, 1980) et la maîtrise des réponses immunitaires de l'hôte (Strand and Pech, 1995). Ce mode de développement permet au parasitoïde d'accroître les ressources nutritives détournées. Les espèces koïnobiontes peuvent manipuler la physiologie et le comportement alimentaire de leur hôte à leur profil (Harvey et al. 1999). Strand (2000) révèle que les parasitoïdes koïnobiontes ont développé des stratégies rendant les ressources de l'hôte plus prévisibles.

Le taux de parasitisme est plus élevé chez les stades larvaires L4. Nakamura and Noda (2001) ont trouvé que ces stades larvaires étaient plus appropriés pour *O. sokolowskii* car ils produisent plus de parasitisme que les autres stades. Ceci pourrait s'expliquer par une ressource plus importante dans ces chenilles de plus grande taille. Selon Harvey et al. (2004) les hôtes de grande taille sont plus rentables que ceux de petite taille, car ils ont plus de ressources disponibles pour le développement de la progéniture du parasitoïde. Les stades larvaires âgés sont aussi préférables parce qu'ils sont susceptibles d'échapper au superparasitisme car proches de la nymphose (Silva-Torres et al. 2009).

Pour trouver leur hôte, les parasitoïdes utilisent divers indices : olfactifs, visuels et tactiles (Vet et al. 1995). Plusieurs auteurs ont montré que les substances chimiques volatiles telles que les kairomones, les phéromones ou les allomones émanant de l'hôte peuvent influencer le comportement des parasitoïdes (Mattiacci et al. 2000; Van Alphen et al. 2003). Dans le cadre de la chimioréception à distance ou sens olfactif : les stimuli diffusent à travers l'air et les récepteurs sont sensibles à de très faibles quantités de produits (Roux et al. 2007). Les sensilles olfactives situées au niveau des antennes et de l'ovipositeur constituent les chimiorécepteurs (Van Baaren and Nénon, 1996). Ces récepteurs peuvent être rapidement saturés lorsque le parasitoïde se trouve sur un patch, il y a alors une diminution de leur sensibilité aux signaux chimiques de l'hôte. Ce qui réduit par conséquent, le succès de recherche de l'hôte et de l'oviposition. La femelle d'*O. sokolowskii* semble plus sensible à la présence de l'hôte dans le pondoir de 7cm^3. Dans le pondoir de 3cm^3 (deux fois plus petit), une saturation des chimiorécepteurs de la femelle due à une forte concentration des signaux chimiques de l'hôte pourrait expliquer la diminution de l'oviposition des femelles, d'où une baisse du taux de parasitisme. Par contre, une faible concentration des signaux chimiques dans le pondoir de 40 cm^3 (sept fois plus grand) serait à l'origine du faible taux de parasitisme et de la ponte, d'où une baisse de la productivité de la femelle. Lors de la phase de la recherche de l'hôte, la femelle d'*O. sokolowskii* n'est pas très efficace car peu agressive. Le comportement de recherche de l'hôte par le parasitoïde représente un facteur important qui détermine le nombre de descendants de la femelle, il est donc directement lié au succès reproducteur ou à la fitness des individus (Godfray 1994).

Les résultats présentés dans cette étude permettent de confirmer voir d'apporter des informations précieuses sur quelques traits d'histoire de vie de l'espèce *Oomyzus sokolowskii* (Kurdjumov), un des principaux ennemis naturels de *P. xylostella*. Ces informations peuvent aider à une meilleure connaissance de la biologie de cet hyménoptère et de permettre une utilisation plus efficace du parasitoïde dans les programmes de gestion des populations de la teigne lors de la libération d'entomophages.

Chapitre 4

Performance du parasitoïde *Oomyzus sokolowskii* (Hymenoptera : Eulophidae) sur son hôte, *Plutella xylostella* (Lepidoptera : Plutellidae) en conditions de laboratoire

Résumé

Oomyzus sokolowskii (Kurdjumov) est un parasitoïde larvo-nymphal et grégaire de la teigne des Crucifères *Plutella xylostella* (L.). L'objectif de cette étude est d'étudier en conditions de laboratoire, les interactions entre le parasitoïde et son hôte, en examinant l'effet des facteurs tels que le grégarisme, l'origine et les stades de l'hôte, et l'âge de la femelle du parasitoïde sur le taux de parasitisme, le nombre de descendants, la durée de développement et le sex-ratio de la descendance d'*O. sokolowskii*. Le pourcentage de parasitisme et le nombre de descendants produits augmentent avec le nombre de femelles d'*O. sokolowskii* mis en présence des chenilles hôtes. *Oomyzus sokolowskii* préférait les larves de quatrième stade (L4) que les autres stades larvaires. Le taux de parasitisme et la production de la descendance d'*O. sokolowskii* décroit avec l'âge du parasitoïde. Cependant, la durée de développement et le sex-ratio de la progéniture n'ont pas été significativement différentes. Nos résultats confirment que le grégarisme stimule la capacité de parasitisme et la production des femelles du parasitoïde et de la préférence larvaire d'*O. sokolowskii*. L'étude a aussi montré que l'origine géographique de l'hôte est un paramètre important qui affecte la performance du parasitoïde. Ces résultats peuvent aider à une meilleure connaissance de l'espèce dans la perspective de conceptualisation de programmes de lutte biologique pour le contrôle des populations de *P. xylostella*.

Mots clés : parasitoïde, *Plutella xylostella*, chou, élevage, taux de parasitisme, stade hôte, lutte biologique

Introduction

La teigne des Crucifères *Plutella xylostella*(L.) appelée également Diamondback moth (DBM) est un Lépidoptère oligophage qui se nourrit de Brassicacées (Van Loon et al. 2002). Dans le monde, l'espèce est considérée comme le plus important ravageur de ces cultures (Shelton, 2004 ; Sarfraz et al. 2006), à la base de l'économie agricole de nombreux pays notamment en Asie et en Afrique (Grzywacz et al. 2010). Ce ravageur entraîne des coûts annuels de traitements estimés à un milliard de dollars US (Shelton et al. 1997), dont la majeure partie correspond à l'application d'insecticides de synthèse. Le contrôle de ce ravageur reste difficile car beaucoup de population ont développé une résistance à tous les pesticides utilisés y compris les formulations à base de *Bacillus thuringiensis* (Berliner) (Sanchis et al. 1995 ; Lui et al. 1997 ; Zhou et al. 2011). Ce phénomène est dû à la grande plasticité phénotypique de l'espèce qui est devenu un des ravageurs les plus difficiles à contrôler depuis ces 50 dernières années (Attique et al. 2006 ; Gong et al. 2010 ; Sarita et al. 2010).

Aujourd'hui, les programmes de gestion des populations concernant *P. xylostella* sont basés sur la lutte biologique, qui constitue une alternative à la lutte chimique classique (Hill and Foster 2003). Cette lutte constitue le moyen le plus efficace contre les populations de chenilles de *P. xylostella* résistantes aux insecticides en utilisant des microorganismes, des prédateurs et des parasitoïdes (Lim 1992). En effet, la lutte biologique utilisant les parasitoïdes peut être améliorée considérablement grâce à la connaissance de la biologie et de l'écologie de ces ennemis naturels (Martínez-Castillo et al. 2002). Dans les programmes de lutte biologique, le taux de succès est étroitement lié aux interactions physiologiques et comportementales entre l'hôte et les parasitoïdes (Andow et al. 1997).

L'espèce *Oomyzus sokolowskii* Kurdjumov (Hymenoptera : Eulophidae) est un parasitoïde grégaire larvo-nympal et spécialiste de *P. xylostella* (Liu et al. 2000). Cette espèce constitue un parasitoïde naturel de la teigne à travers le monde (Wang et al. 1999 ; Ferreira et al. 2003). La biologie d'un parasitoïde peut être affectée par son hôte particulièrement chez les espèces grégaires (Silva-Torres et al. 2009b).

L'objectif principal de ce travail est d'étudier, en conditions de laboratoire, quelques interactions existantes entre les chenilles de *P. xylostella* et les femelles d'*O. sokolowskii*. Ces études porteront essentiellement sur l'effet du grégarisme, de l'influence des stades immatures de l'hôte et de l'âge de la femelle du parasitoïde, sur le taux de parasitisme, le nombre de descendants, la durée de développement et le sex-ratio de la descendance, en vue d'une meilleure connaissance de son aptitude à être utilisée dans des programmes de lutte biologique contre la teigne des Crucifères ou d'études en écologie de la conservation.

Matériel et méthodes

1. Elevage du parasitoïde et de l'hôte

La population d'*O. sokolowskii* a été obtenue à partir de nymphes parasitées de *P. xylostella* collectées dans des parcelles de chou (*Brassica oleracea* var. *capitata*) situées dans la zone des niayes (nord ouest du Sénégal). Les individus sont élevés dans des cellules aux conditions climatiques contrôlées (T : 25±1°C, HR : 60 ±5%, photopériode : 12L/12D).

L'élevage d'*O. sokolowskii* consiste à exposer des chenilles L4 de *P. xylostella* à la ponte des femelles dans une boîte en plastique transparent (8 cm × 5 cm). Les chenilles sont retirées 24 h après le début du parasitisme, placées dans une boîte identique et nourries jusqu'à leur nymphose. Les papillons, issus des nymphes non parasitées, sont éliminés au fur et à mesure de leur émergence. Les adultes d'*O. sokolowskii*, issus des nymphes parasitées, sont récupérés à l'aide d'un aspirateur à bouche. Ils sont nourris avec des gouttes de miel déposées sur le grillage du couvercle.

L'élevage de *P. xylostella* consiste à infester un plant de moutarde de chine (*Brassica juncea*) par exposition pendant 24 h à la ponte des femelles. Tous les jours, le plant porteur d'œufs est remplacé par un nouveau. Les chenilles sont placées sur des feuilles fraiches de chou-fleur (*Brassica oleracea* var. *botrytis*). Au dernier stade larvaire, elles sont transférées sur des feuilles saines déposées au fond d'une grande boîte en plastique transparent (28 cm × 26 cm x 15 cm) où s'effectue la nymphose. Les nymphes sont collectées quotidiennement. A l'émergence, les adultes sont placés dans une cage pondoir cubique (50 cm au carré) et nourris avec de l'eau et du miel.

Les essais biologiques effectués au cours de cette étude ont tous été réalisés dans des cellules aux conditions climatiques identiques aux élevages de masse (T : 25±1°C, HR : 60 ±5%, photopériode : 12L/12D).

2. Etude du grégarisme

Les femelles du parasitoïde utilisées dans cette expérience sont âgées de 24 heures. Le nombre de femelles testées est de 1, 5, 10, 15 et 20 respectivement en présence de 2, 10, 20, 30 et 40 chenilles L4 de *P. xylostella*. Après 24h de contact, les chenilles sont placées individuellement dans des piluliers en plastique transparent (3,5 cm x 1cm) avec une rondelle de feuille de chou pour leur alimentation. Elles sont suivies quotidiennement jusqu'à l'émergence des adultes du parasitoïde. Sept répétitions sont effectuées pour chaque cohorte. Le taux de parasitisme, calculé à partir du nombre de nymphes parasitées, la durée de développement (de l'oviposition à l'émergence des adultes), le nombre de descendants et le sex-ratio (% femelles) des parasitoïdes adultes sont comparés pour les différentes cohortes.

3. Influence de l'hôte

3.1. Origine de l'hôte

Nous avons utilisé deux populations de *P. xylostella* d'origines géographiques différentes, une provenant du Sénégal, l'autre de Martinique. La taille des nymphes de chaque population est mesurée à l'aide d'une loupe binoculaire munie d'un micromètre oculaire. Pour chaque population, la taille de 30 nymphes est évaluée. Pour chaque population, 15 femelles d'*O. sokolowskii* âgées de 24 h sont mises en présence de 30 chenilles L4 de *P. xylostella*. Après 24 h de contact, les chenilles sont récupérées et placées individuellement dans des piluliers. Elles sont suivies jusqu'à l'émergence des adultes de parasitoïdes. Sept répétitions sont effectuées avec chaque population hôte. Le taux de parasitisme pour chacune des populations est calculé à partir du nombre de nymphes parasitées. La durée de développement (de l'œuf à l'adulte), le nombre de descendants et le sex-ratio (% femelles) des parasitoïdes adultes est calculés.

3.2. Stades immatures de l'hôte

Pour chaque stade de l'hôte testé : L2, L3, L4, prénymphe et nymphe, nous avons utilisé 30 individus mis en présence de 15 femelles d'*O. sokolowskii* placées dans une boîte en plastique transparent à couvercle grillagé, sur lequel est déposé une goutte de miel pour l'alimentation des parasitoïdes. Après 24 h de contact avec la femelle, les chenilles sont placées séparément dans des piluliers avec une rondelle de feuille de chou pour leur alimentation, jusqu'à la nymphose. Les nymphes néoformées sont suivies jusqu'à l'émergence des adultes du parasitoïde. Dix répétitions sont réalisées pour chacun des stades de l'hôte. Le taux de parasitisme pour chacun des stades de l'hôte est calculé à partir du nombre de nymphes parasitées. La durée de développement de l'œuf à l'adulte, le nombre de descendants et le sex-ratio (% femelles) des parasitoïdes sont comparés pour chaque stade testé.

4. Age de la femelle

Quinze (15) femelles d'*O. sokolowskii* âgées respectivement de 1, 5, 15 et 28 jours sont mises en présence de 30 chenilles L4 de *P. xylostella*. Après 24 h de contact, les chenilles sont récupérées et placées individuellement dans des piluliers. Elles sont suivies jusqu'à l'émergence des adultes du parasitoïde. Cinq répétitions ont été réalisées pour chaque cohorte. Le taux de parasitisme, le nombre de descendants, la durée de développement et le sex-ratio (% femelles) des femelles produites sont comparés.

5. Analyses statistiques

Les données sont normalisées puis analysées avec le logiciel XLSTAT version 01.1.2012. Le taux de parasitisme, la durée de développement de la descendance, le nombre total de descendants et le sex-ratio des parasitoïdes produits sont comparés pour les différentes cohortes en utilisant l'analyse de variance (ANOVA). Le sex-ratio (en %) est calculée selon la formule de Silva-Torres et al. (2009b). Le test t est utilisé pour comparer le taux de parasitisme, la durée de développement, le nombre de descendants et le sex-ratio de la descendance entre les populations d'hôtes d'origines différentes. Le taux de parasitisme, la productivité de la descendance, la durée de développement et le sex-ratio de la descendance entre les populations d'origine différentes, sont comparés en utilisant l'ANOVA. Les moyennes sont séparées avec le test de Student Newman Keuls (SNK). Le taux de parasitisme, la production d'adultes, le sex-ratio et la durée de développement de la descendance entre les femelles d'âges différents sont comparés avec l'ANOVA et les moyennes séparées avec le test SNK. Le niveau de significativité pour toutes les analyses est fixé à 5%.

Résultats

1. Etude du grégarisme

Dans le tableau 15, le taux de parasitisme varie significativement en fonction du nombre de femelles ($F_{(4,24)}$ =11,35 ; P < 0,0001). Le pourcentage de parasitisme est significativement plus faible (P< 0,05) avec une femelle d'*O. sokolowskii*, il est plus important avec 5, maximum avec 10, 15 et 20 femelles, qui ne sont pas différents entre eux (P< 0,05). La proportion de mâles produits ($F_{(4,24)}$ =14,71 ; P < 0,0001), de femelles ($F_{(4,24)}$ =16,50; P < 0,0001) ainsi que la production totale d'adultes est significativement différente en fonction du nombre de femelles mises à parasiter ($F_{(4,24)}$ =17,80 ; P < 0,0001). Une femelle seule produit toujours moins de descendant que des femelles groupées. Concernant la durée de développement de la descendance, il n'y a pas de différences significatives ($F_{(4,24)}$ =1,32 ; P= 0,29) entre 1, 5, 10, 15 et 20 femelles mise à parasiter. Par contre, le sex-ratio de la descendance est significativement différente en fonction du nombre de femelles testées ($F_{(4,24)}$ =4,94; P=0,0048) et elle tend à diminuer quand le nombre de femelles mises à pondre augmente.

Tableau 15: Taux de parasitisme, productivité, durée de développement et sex-ratio de la descendance obtenus en fonction du nombre de femelles d'*O. sokolowskii*

Nombre de femelles	Parasitisme (%)	Femelles	Adultes	Durée dév. (j)	Sex-ratio (%)
1	14,30±4,27 a	1,30±1,28 a	1,45±1,42 a	15,10±0,30 a	90,00±0,04b
5	52,86±6,80 b	8,57±0,72 b	9,86±0,80b	15,46±0,26 a	86,91±1,47b
10	71,43±5,64 c	9,72±0,47 b	12,29±0,68c	15,19±0,12 a	79,30±1,51 a
15	74,29±3,47 c	10,43±0,65b	12,57±0,87c	15,21±0,10 a	83,30±1,18ab
20	77,90±3,43 c	10,71±1,36b	13,14±1,67c	15,10±0,14 a	81,64±1,35 a

Les moyennes dans les colonnes suivies par les mêmes lettres ne sont pas différentes significativement (ANOVA; SNK).

2. Influence de l'hôte

2.1. Origine de l'hôte

La différence de taille des nymphes de *P. xylostella* originaires du Sénégal et de la Martinique est significative (t=6,091 ; ddl=58 ; P < 0,0001). La population de *P. xylostella* originaire du Sénégal est morphologiquement plus grande que celle de la Martinique (Tableau 16).

Dans le tableau 17, le pourcentage de parasitisme des femelles d'*O. sokolowskii* est significativement différent entre les populations de *P. xylostella* originaires du Sénégal (PxS) et de la Martinique (PxM) (t= -2,62 ; ddl=12 ; P=0,022). Il est plus élevé pour PxM. Le nombre de mâles produits est différent (t= -2,68 ; ddl=12 ; P=0,02) et en faveur de PxM. A contrario, la production de femelles (t= -0,52 ; ddl=12 ; P=0,61) et la production totale d'adultes (t= -1,31; ddl=12 ; P=0,215) ne sont pas significativement différentes entre les populations hôtes. Il n'existe pas de différences significatives sur la durée de développement de la descendance (t=0,60 ; ddl=12 ; P=0,56). Par contre, le sex-ratio de la progéniture est significativement différente entre PxM et PxS (t=2,52 ; ddl=12 ; P=0,026). Il est plus favorable aux femelles au niveau de PxS.

Tableau 16: Taille des nymphes de populations de *P. xylostella* d'origines géographiques différentes

Origine	Taille moyenne (mm)	Min/Max
Sénégal	6,14 ± 0,05 b	5,53/6,67
Martinique	5,65 ± 0,06 a	4,76/6,33

Les moyennes dans les colonnes suivies par les mêmes lettres ne sont pas différentes significativement (test-*t*; P > 0,05).

Tableau 17: Effet de l'origine de l'hôte sur le parasitisme, la productivité, la durée de développement et le sex-ratio d'*O. sokolowskii*

Origine	Parasit. (%)	Mâles	Femelles	Total adultes	Durée dév.(j)	Sex-ratio
Sénégal	65,94±4,85 a	1,86±0,26	9,71±0,61 a	11,57±0,78 a	15,56±0,21 a	84,23±1,56 b
Martinique	81,43±3,36 b	2,71±0,18 b	10,14±0,55 a	12,86±0,60 a	15,37±0,22 a	78,76±1,51 a

Les moyennes dans les colonnes suivies par les mêmes lettres ne sont pas différentes significativement (test-*t*; P > 0,05)

2.2. Stades immatures de l'hôte

Dans le tableau 18, le taux de parasitisme varie selon les stades immatures de l'hôte ($F_{(4,36)}$ = 26,23; P< 0,0001). Il est statistiquement le plus élevé chez les larves L4 (P<0,05), le plus faible chez les prénymphes et nul chez les nymphes. Cependant, il n'y a pas de différences significatives entre les stades larvaires L2 et L3 (P<0,05). Il n'y a pas de différences significatives non plus sur la production de mâles ($F_{(3,27)}$ =0,21 ; P=0,88) et de femelles ($F_{(3,27)}$ =0,69; P=0,57), sur la production totale d'adultes ($F_{(3,27)}$ =0,50 ; P=0,68), la durée de développement de l'œuf à l'adulte ($F_{(3,27)}$ =1,39 ; P= 0,28) et le sex-ratio de la descendance ($F_{(3,27)}$ =0,56 ; P=0,65).

Tableau 18: Effet des stades immatures de l'hôte sur la productivité, la durée de développement et le sex-ratio d'*O. sokolowskii*

Stades immatures	Parasitisme (%)	Femelles	Total adultes	Durée dév.(j)	Sex-ratio (%)
L2	39,98 b	10,40±0,60 a	13,40±1,03 a	17,58±0,44 a	78,10±1,74 a
L3	54,66 b	10,20±0,97 a	12,40±1,03 a	16,14±0,33 a	82,65±5,04 a
L4	75,98 c	14,40±2,02 a	17,40±3,30a	15,08±0,32 a	85,18±3,51 a
Pny	15,32 a	13,40±4,53 a	17,70±6,12a	12,96±3,24 a	81,80±5,27 a

Les moyennes dans les colonnes suivies par les mêmes lettres ne sont pas différentes significativement (ANOVA; SNK).

3. Age de la femelle

Dans le tableau 19, le taux de parasitisme est différent en fonction de l'âge de la femelle du parasitoïde ($F_{(3,12)} = 21,32$; $P< 0,0001$), mais, il n'est pas significativement différent avec les femelles âgées de 1 et 5 jours et de 15 et 28 jours ($P<0,05$). Il est cependant plus important chez les femelles âgées de 1 et 5 jours. Il n'y a pas de différences sur la production de mâles ($F_{(3,12)} =2,28$; $P=0,13$). Concernant la production de femelles, une différence existe en fonction de l'âge du parasitoïde ($F_{(3,12)} =4,70$; $P=0,02$). Elle est plus élevée chez les femelles âgées de 5 jours. Le nombre total d'adultes produits est significativement différent selon l'âge du parasitoïde ($F_{(3,12)} =4,24$; $P= 0,03$). Comme pour les femelles il est plus important chez les femelles âgées de 5 jours. L'âge de la femelle du parasitoïde n'influe pas sur la durée du développement ($F_{(3,12)} =1,01$; $P=0,42$) ni sur le sex-ratio de la descendance ($F_{(3,12)}=1,55$; $P=0,25$).

Tableau 19: Effet de l'âge des femelles d'*O. sokolowskii* sur le taux de parasitisme, la productivité, la durée de développement et le sex-ratio

Age de la femelle (jrs)	Parasitisme (%)	Femelles	Total adultes	Durée dév.(j)	Sex-ratio (%)
1	82,10±3,20 b	9,25±0,25 a	11,25±0,25 a	15,34±0,12 a	82,36±3,26 a
5	71,36±4,96 b	12,75±1,60 b	15,50±2,40 b	15,08±0,42 a	83,43±3,00 a
15	41,10±4,23 a	8,00±1,23 a	9,50±1,50 a	15,75±0,28 a	84,35±1,05 a
28	31,35±7,52 a	8,00±0,41 a	9,00±0,41 a	15,25±0,25 a	88,85±0,51 a

Les moyennes dans les colonnes suivies par les mêmes lettres ne sont pas différentes significativement (ANOVA; SNK).

Discussion

Dans notre étude, le taux de parasitisme et le nombre de descendants produits augmentent avec le nombre de femelles d'*O. sokolowskii* mises à pondre. La proportion de descendants mâles augmente également en fonction du nombre de femelles. Ces résultats sont similaires à ceux rapportés par Chen et al. (2008). Nos résultats suggèrent que le grégarisme favorise l'augmentation du taux de parasitisme et la productivité chez les femelles du parasitoïde. En effet, le grégarisme est lié au superparasitisme qui favorise l'augmentation du nombre de descendants produits (Gu et al. 2003 ; Silva-Torres and Matthews 2003 ; Keasar et al. 2006). Selon Silva-Torres et al. (2009b), le grégarisme et le superparasitisme peuvent inversement affecter la fitness des parasitoïdes. Ces comportements semblent être avantageux chez le parasitoïde (Yamada and Miyamoto 1998). Dans notre étude, l'augmentation du nombre de femelles entraîne une augmentation du nombre de chenilles hôtes qui favorise une production de femelles, les femelles pondeuses étant en présence d'une ressource plus importante pour leur descendance. Ces résultats sont en accord avec ceux de Hirashima et al. (1990) qui constatait que l'abondance de l'hôte était un facteur favorable à des taux importants de parasitisme.

La population de *P. xylostella* provenant du Sénégal semble avoir une fitness supérieure à la population issue de Martinique, car selon Chown et al. (2009), les insectes ayant une plus grande taille ont de plus grandes chances de survie et de reproduction. Dans notre étude, le taux de parasitisme est significativement plus important dans la population de Martinique, cependant, la productivité des femelles est identique dans les deux populations. Nos résultats ne semblent pas être totalement en accord avec certains auteurs. D'après Edwards (1954), quelque soit la nature de l'hôte, la femelle du parasitoïde, surtout chez les espèces grégaires, estime d'abord la taille de l'hôte avant d'y pondre. Dans notre cas d'étude, les nymphes de la population du Sénégal sont plus grandes que celles de Martinique, on peut donc considérer que les L4 sont également plus grosses ce qui aurait du favoriser les femelles à pondre plus abondement dans les chenilles du Sénégal par rapport à celles de Martinique. Même affirmation chez Zaviezo and Mills, (2000), où chez les parasitoïdes grégaires la production de la descendance est très souvent corrélée avec la taille de l'hôte. Ce trait étant l'un des indices les plus importants utilisés par les parasitoïdes femelles pour leur reproduction (Aruna and Manjunath 2010). Dans nos conditions d'étude, la population du Sénégal, plus grande en taille vis à vis des individus de Martinique est moins parasité (−15%). Cependant, la production de femelles est identique. On peut également considérer que les hydrocarbures de cuticule produits par les chenilles du Sénégal auraient favorisé les femelles d' *O. sokolowskii* (Roux 2007), celles ci étant issus de la même origine, à pondre plus de descendants femelles, en effet, le sex-ratio (% de femelles) étant plus important dans les descendants issus des chenilles du Sénégal.

Le stade de l'hôte est une importante variable écologique qui peut influencer la survie des stades immatures, le taux de développement, le sex-ratio, la taille et la fécondité des parasitoïdes (Godfray 1994 ; Islam and Copland 1997 ; Fidgen et al. 2000). Selon Nakamura and Noda (2002), la taille de l'hôte augmente généralement en fonction de l'âge. Nos résultats ont montré que le taux de parasitisme est plus important chez les stades larvaires L4, qui semblent être de meilleure qualité et assurent une quantité suffisante de ressources pour la descendance de la femelle d'*O. sokolowskii*. Ils sont similaires aux travaux rapportés par (Talekar and Hu 1996). Ces larves L4 constituent les stades de développement les plus convenables pour *O. sokolowskii* (Nakamura and Noda 2001) et les plus voraces sur les feuilles de chou (Zhou et al., 2011). Des travaux ont montré que la taille de l'hôte peut influencer la préférence, la fécondité et le développement du parasitoïde (Bai et al. 1992 ; Smith 1993). La qualité de l'hôte influence significativement la fitness de la progéniture chez les parasitoïdes hyménoptères (Godfray, 1994). D'après Harvey et al. (2004), les stades de l'hôte de grande taille présente plus de ressources disponibles pour la descendance du parasitoïde.

Nos résultats montrent qu'il n'y a pas de différences significatives concernant la production de la descendance, la durée de développement et le sex-ratio d'*O. sokolowskii* selon l'âge des stades de l'hôte. Ils sont similaires à ceux rapportés par Wang et al. (1999). Cependant, Nakamura and Noda (2002) ont rapporté que le nombre d'*O. sokolowskii* produits tend à augmenter avec l'âge de l'hôte et est significativement plus important avec les prénymphes que les stades larvaires L2 de l'hôte tandis que le sex-ratio n'a pas été différent selon l'âge ou la taille de l'hôte. Dans nos conditions, le faible pourcentage de parasitisme des prénymphes n'est pas dû à une moins bonne attirance de l'hôte vis à vis des femelles, mais au passage de l'état prénymphe à celui de nymphe de certaines chenilles L4 proposées aux femelles durant le temps d'exposition (24h). En effet, au cours de nos essais, nous n'avons jamais obtenu de parasitisme lorsque nous proposions des nymphes aux femelles du parasitoïde.

Le taux de parasitisme décroit avec l'âge de la femelle d'*O. sokolowskii*. Nos résultats montrent que l'effet du parasitisme tend à baisser fortement chez des femelles âgées de plus de 5 jours, ce qui suggère qu'au-delà d'une certaine période de maturité de la femelle d'*O. sokolowskii*, son efficacité à exercer un contrôle sur les populations de *P. xylostella* se limite. Le potentiel d'action des parasitoïdes peut être plus ou moins favorisé par l'augmentation de l'âge (Persad and Hoy 2003 ; Amalin et al. 2005). Les travaux de Silva-Torres et al. (2009a) ont montré que le pourcentage de parasitisme était supérieur chez des femelles d'*O. sokolowskii* âgées de deux à quatre jours. La capacité de parasitisme et la production des parasitoïdes varient avec l'âge de la femelle (Medeiros et al., 2000). Selon Rajapakse (1992), l'âge idéal chez *Cotesia marginiventris* (Cresson) varie de 48 à 96 heures pour parasiter convenablement les chenilles de *Spodoptera frugiperda* (Smith) alors que chez *Ceratogramma etiennei* (Delvare), l'âge idéal de parasitisme varie d'un à deux jours après émergence (Amalin et al. 2005).

Plusieurs études menées sur différentes espèces de parasitoïde ont démontré que la fécondité, la production, le sex-ratio et la capacité de parasitisme des femelles dépendent de l'âge du parasitoïde (Medeiros et al. 2000), La production de la descendance d'*O. sokolowskii* décroit avec l'âge de la femelle du parasitoïde. Ceci suggère que les femelles âgées de 5 jours au plus pondent davantage d'œufs chez leur hôte que les femelles plus âgées. Nos résultats sont similaires aux travaux de Silva-Torres et al. (2009a). Il faut noter également que la proportion de la descendance femelle diminue avec l'âge du parasitoïde. Ces résultats sont identiques à ceux trouvés par Chen et al. (2008). De même, Li et al. (1993) affirment que la production de la descendance des femelles de *Trichogramma minitum* (Hymenoptera : Trichogrammatidae) décroit avec l'âge. La diminution de la productivité due à l'âge chez le parasitoïde peut s'expliquer par une baisse de l'activité physiologique (Giron and Casas 2003).

Par ailleurs, la durée de développement et le sex-ratio de la progéniture n'ont pas été différentes par rapport à l'âge du parasitoïde. Ce qui suggère que la durée de développement et le sex-ratio de la descendance n'ont pas été affectées par l'âge de la femelle d'*O. sokolowskii*. Nos résultats sont similaires avec ceux de Riddick (2003), qui a démontré que l'âge d'*Anaphes ioles* (Hymenoptera : Mymaridae) n'affecte pas le sex-ratio de la progéniture du parasitoïde.

Ces résultats indiquent que le grégarisme stimule la capacité de parasitisme et la production des femelles d'*O. sokolowskii*, ce qui est logique vu le comportement grégaire de l'espèce étudiée. Cependant, l'efficacité de la production du parasitoïde décroit avec l'âge. Ainsi, il est indispensable de connaitre l'âge idéal auquel le parasitoïde est plus actif pour obtenir un niveau de parasitisme élevé afin d'exercer un contrôle efficace sur les populations de chenilles hôtes. Ces informations sur le comportement des femelles d'*O. sokolowskii* vis à vis de son hôte, apportent un plus de connaissances dans la conceptualisation de programmes de lutte biologique par libération d'entomophages en conditions naturelles pour lutter contre les populations de la teigne des Brassicacées, *P. xylostella*.

Remerciements

Nous remercions l'Agence Universitaire de la Francophonie pour son soutien financier à travers le programme Horizons Francophones et le Centre de Coopération Internationale de Recherche Agronomique pour le Développement (CIRAD) de Montpellier (France). Un grand merci également au Dr. Alan A. Kirk de l'EBCL USDA-Ars pour la relecture du document.

Chapitre 5

Evaluation en laboratoire de la toxicité de *Bacillus thuringiensis*, du Neem et du Méthamidophos sur des larves de *Plutella xylostella* (Lepidoptera : Plutellidae)

Résumé

La teigne des Crucifères *Plutella xylostella* constitue le principal ravageur des cultures de choux. L'utilisation des insecticides chimiques de synthèse reste le moyen de lutte le plus employé contre cet insecte, malgrés ses nombreuses conséquences (résistance, destruction de la faune auxiliaire...). L'objectif de ce travail est d'évaluer en conditions de laboratoire la toxicité de *Bacillus thuringiensis*, l'huile de neem et du Méthamidophos à différentes doses sur des larves de *P. xylostella*. Pour chaque traitement, trois doses (faible, moyenne et forte) ont appliquées sur des feuilles de chou présentées à des larves L3 de *P. xylostella*. Les comptages des larves mortes en fonction des doses de chaque traitement et le témoin ont été réalisés chaque 24h pendant une période de huit jours. La mortalité larvaire est différente selon les traitements et les doses appliquées. Les trois doses du Biobit ont été toxiques sur les larves comparées au témoin. Le plus fort taux de mortalité (100%) en un temps court de 5j est enregistré avec le Biobit à forte dose. Concernant, l'huile de neem, les doses fortes et moyennes ont été les plus toxiques sur les larves avec des taux de mortalité moyenne respectivement de 70 et 61,5%. Le Méthamidophos a été moins toxique comparé au Biobit et à l'huile de neem avec des taux de mortalité moyenne de 52,5 et 51% respectivement à forte et moyenne dose. Aux doses forte et moyenne, le Biobit et l'huile de neem ont été plus toxiques sur les stades larvaires. Cependant, le Méthamidophos est plus toxique que l'huile de neem à faible dose. Le Biobit est plus efficace que l'huile de Neem et le Méthamidophos contre les larves de *P. xylostella* quelles que soient les doses appliquées. Ces résultats montrent que les biopesticides à base de Bt et d'extraits de neem offrent de meilleures possibilités pour contrôler efficacement les populations de *P. xylostella* au Sénégal.

Mots clés : *Plutella xylostella*, biopesticide, *Azadirachta indica*, chou, bioessai

Introduction

L'espèce *Plutella xylostella* (L.) (Lepidoptera : Plutellidae) est le plus important ravageur des cultures de Brassicacées (=Crucifères) dans le monde (Talekar and Shelton 1993; Sarfraz et al. 2005). Elle peut occasionner jusqu'à 90% de pertes des récoltes (Verkerk and Wright 1996 ; Iqbal et al. 1996). Au Sénégal, ce taux est estimé entre 51 et 94 % selon la direction de l'horticulture. L'emploi des insecticides organiques de synthèse constitue la principale méthode de lutte contre cet insecte (Kibata 1996). Ces insecticides peuvent entrainer plusieurs conséquences telles que l'élimination des ennemis naturels de la teigne, l'augmentation du coût de production et l'apparition de souches résistantes (Hooks and Johnson 2003 ; Macharia et al. 2005 ; Sarfraz and Keddie 2005).

Aujourd'hui, l'utilisation de *B. thuringiensis* dans les programmes de lutte intégrée constitue une alternative efficace et respectueuse de l'environnement (Grzywacz et al. 2010). Plusieurs travaux ont montré l'efficacité des formulations à base de *B. thuringiensis* contre *P. xylostella* (Monnerat et al. 2000; Grzywacz et al. 2010). Par ailleurs, les insecticides naturels dont les extraits de neem, *Azadirachta indica* A. Juss (Meliaceae) ont montré aussi leur efficacité contre *P. xylostella* (Goudegnon et al. 2000 ; Charleston et al. 2006 ; Ling et al. 2008). Face à l'augmentation de la résistance et des problèmes environnementaux et sanitaires engendrés par les insecticides chimiques, les entomopathogènes et les extraits de végétaux constituent des méthodes alternatives de lutte contre les insectes ravageurs des cultures (Ling et al. 2008; Patil and Goud 2003).

L'effet des insecticides est généralement évalué par leur toxicité et leur efficacité au champ (Prasad et al. 2007). Cependant, il devient nécessaire d'entreprendre des essais de laboratoire avant d'être valider au champ. Le but de cette étude conduite au laboratoire est d'évaluer la toxicité d'un biopesticide à base de *B. thuringiensis* (Biobit), des extraits d'huile de Neem (*Azadirachta indica*) et d'un insecticide chimique (Méthamidophos) sur des larves de *P. xylostella*.

Matériel et méthodes

Plantes hôtes

Deux variétés de chou ont été utilisées dans cette étude. Il s'agit du chou pommé (*Brassica oleracea* var. *capitata*) et chou fleur (*Brassica oleracea* var.*botrytis*). Les pépinières de choux fleurs ont été repiquées hors sol sur une table en bois contenant un mélange de coque d'arachide, de latérite et de paille de riz. L'irrigation est effectuée avant et après repiquage. Deux types de produits sont utilisés comme fertilisants. Il s'agit d'une solution de macroéléments (Na, K, Ca, Mg, P,…) de concentration égale à 5ml/l et d'une solution de microéléments (Fe, Zn, Cu, Mn, I,…) de concentration égale à 2ml/l. Chaque semaine, un lessivage est réalisé. Les choux n'ont pas subi de traitements phytosanitaires.

Elevage de *P. xylostella*

La population de *P. xylostella* a été collectée à Malika, localité située dans la zone périurbaine de Dakar. Les chenilles et les nymphes récoltées sont isolées dans des boites plastiques cylindriques (3cm x 7cm) munies de couvercles percées de petits orifices permettant l'aération. Les chenilles sont nourries avec les feuilles de la plante hôte (*Brassica oleracea* var. *capitata*) puis suivies jusqu'à l'émergence de papillons. Les adultes de *P. xylostella* émergés sont récupérés et introduits dans une cage pondoir cubique de 500mm de côté. Les pontes sont recueillies quotidiennement sur un plant de chou-fleur sur lequel s'effectue le développement larvaire. Au dernier stade (L4), les larves sont transférées sur des feuilles saines déposées au fond d'une grande boite en plastique (280mm×270 mm) où elles effectuent leur nymphose. Les nymphes sont collectées quotidiennement. A l'émergence, les adultes sont placés dans la cage pondoir et nourris avec de l'eau et du miel. L'élevage de *P. xylostella* s'est déroulé dans une enceinte aux conditions climatiques contrôlées avec 25°C ; 75% HR et 12L/12D.

Traitements et doses

Trois (3) traitements : Biobit, Huile de neem et Méthamidophos (ou métofos) sont utilisés pour évaluer leur toxicité sur des stades larvaires de *P. xylostella* au laboratoire. Pour chaque traitement, trois doses (faible, moyenne et forte) ont été préparées comme suit : Concernant le Biobit (*Bacillus thuringiensis* 1% WP), 5 ; 7 et 10 mg ont été pesées et mélangées dans 10 ml d'eau distillée. Pour l'huile de neem (*Azadirachta indica* 3% EC ; Meliaceae), trois volumes de 0,3 ml ; 0,6 ml et 1 ml ont été prélevés à partir de la solution mère et mélangés chacun dans 100 ml d'eau distillée pour préparer les trois doses. Pour le Méthamidophos (Métofos 600 EC ; Organophosphoré), trois doses ont été préparées à partir des volumes de 0,3 ml ; 0,6 ml et 1 ml et mélangés dans 250 ml d'eau distillée. Le témoin est appliqué avec de l'eau distillée. Un mouillant a été ajouté aux différents traitements.

Méthode d'application des traitements

La méthode utilisée est celle dite par imprégnation foliaire inspirée de celles de Tabashnik et al. (1990) et de Park et al. (2002). Elle consiste à tremper des rondelles de feuilles de chou-fleur non traitées de diamètre égal à 6 cm durant 10 secondes dans les solutions d'insecticides puis à les sécher à l'air ambiant pendant une heure. Les rondelles de chou sont placées chacune dans une boîte de pétri (6 cm×1,5cm). Dix larves L3 provenant de l'élevage de *P. xylostella* sont placées dans chaque boîte de Pétri contenant une rondelle de chou. Le comptage des chenilles mortes est effectué chaque 24 heures pendant une période de huit jours. La chenille est considérée comme morte si elle présente une immobilité totale. Au premier comptage de la mortalité, les rondelles de chou sont remplacées par d'autres non traitées. Cinq répétitions ont été réalisées pour chaque dose testée et le témoin.

Analyses statistiques

Elles sont effectuées à l'aide du logiciel XLSTAT version 2012.1.01. Les données ont d'abord été normalisées à l'aide de la transformation logarithmique avant de les soumettre à l'analyse de variance (ANOVA). Le test de Student

Newman-Keuls est utilisé pour séparer les moyennes. Le niveau de significativité pour toutes les analyses est fixé à 5%.

Résultats

1. Effet des doses du Biobit sur la mortalité larvaire

Le taux de mortalité larvaire est significativement différent en fonction des doses appliquées de Biobit ($F=10,50$; ddl = 3, 12 ; $P<0,0001$; Tableau 20). Les trois doses ont été toxiques sur les larves de *P. xylostella* comparées au témoin. Cependant, il n'y a pas de différences significatives dans la mortalité larvaire entre les trois doses appliquées. La mortalité est significativement plus faible dans le témoin (Tableau 20). A forte dose, le Biobit a entraîné 100 % de mortalité au bout de 5 jours d'exposition. A moyenne dose, le pourcentage de mortalité larvaire est constant de J5 à J7 et s'élève à 96 %. Le taux maximal de mortalité de 100% est atteint à J8. A faible dose, le pourcentage de mortalité larvaire le plus élevé est enregistré à J7 et s'élève à 92% (figure 21). Dans le témoin, le taux maximal de mortalité s'élève à 48% à J8.

Tableau 20: Mortalité moyenne des larves de *P. xylostella* en fonction des traitements

Traitements	Biobit	Neem	Méthamidophos
Forte dose	84 a	70 a	52,5 a
Moyenne dose	82 a	61,5 a	51 a
Faible dose	67,5 a	24 b	36 ab
Témoin	23,5 b	23,5 b	23,5 b
ANOVA F	10,50	8,94	3,98
P	<0,0001	0,0003	0,018

Les valeurs dans la colonne suivies par la même lettre ne sont pas significativement différentes (ANOVA, test Student Newman Keuls au seuil de 5%).

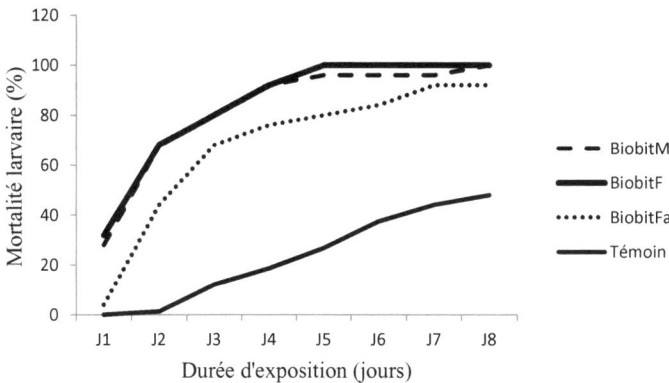

Figure 21: Evolution de la mortalité larvaire de *P. xylostella* en fonction du temps et des doses de Biobit (F= forte dose ; M= moyenne dose ; Fa=faible dose)

2. Effet des doses de l'huile de Neem sur la mortalité larvaire

Le taux de mortalité larvaire est significativement différent en fonction des doses appliquées (F=8,94 ; P=0,0003 ; Tableau 20). Cependant, la différence n'est pas significative sur la mortalité entre les doses fortes et moyennes, qui ont été plus toxiques sur les larves comparées à la dose faible et au témoin. Il n'y a pas de différences significatives sur la mortalité larvaire entre la faible dose et le témoin (Tableau 20). A forte dose, l'huile de Neem a montré un pourcentage de mortalité larvaire maximal de 92 % après 7 jours d'exposition. A moyenne dose, le pourcentage de mortalité larvaire culmine à 88 % après 8 jours d'exposition. A faible dose, le taux maximal de mortalité larvaire est de 40% entre 6 et 8jours d'exposition. Ce pourcentage est inférieur par rapport au témoin où il augmente de 37 à 48 % sur la même période (figure 22).

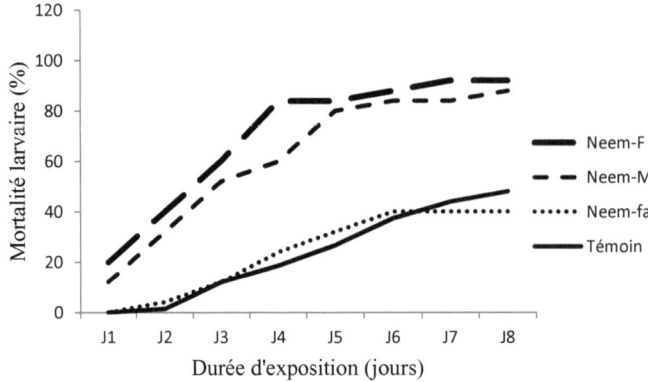

Figure 22: Evolution de la mortalité larvaire de *P. xylostella* en fonction du temps et des doses de l'huile de Neem (F= forte dose ; M= moyenne dose ; fa= faible dose)

3. Effet des doses du Méthamidophos sur la mortalité larvaire

Le taux de mortalité larvaire est significativement différent en fonction des doses appliquées (F=3,98 ; P=0,018 ; Tableau 20). Cependant, il n'y a pas de différences significatives sur la mortalité larvaire entre les doses fortes et moyennes qui sont plus toxiques sur les chenilles de la teigne. La faible dose et le témoin n'ont pas été significativement différents, ils ont été moins efficaces. Le pourcentage de mortalité larvaire enregistré aux fortes et moyennes doses présente la même évolution. Elles ont causées 68 % de mortalité maximale après 5 jours d'exposition alors qu'à la même période, le taux de mortalité recueilli à faible dose varie entre 44 et 52 %. Ce taux est plus faible dans le témoin avec un maximum de 48 % à J8 (figure 23).

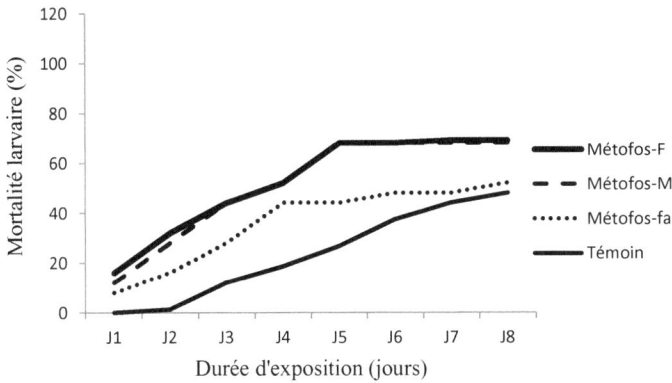

Figure 23: Evolution de la mortalité larvaire de *P. xylostella* en fonction du temps et des doses de Métofos (F= forte dose ; M= moyenne dose ; fa= faible dose)

4. Effet des traitements à forte dose sur la mortalité larvaire

Le taux de mortalité larvaire est significativement différent entre les traitements à forte dose (F=10,49 ; P<0,0001 ; Tableau 21). A forte dose, le Biobit a entraîné 100% de mortalité larvaire après 5 jours d'exposition. Sur la même durée et à la même dose, nous avons noté un taux de mortalité de 84% pour l'huile de neem avec un maximum de 92 % à J7, de 68% pour le Méthamidophos et de 27% dans le témoin. A forte dose, le Biobit a été plus toxique que l'huile de neem et le Méthamidophos (figure 24).

Tableau 21: Mortalité moyenne des larves de *P. xylostella* en fonction des doses testées

Doses	Forte dose	Moyenne dose	Faible dose
Biobit	84 a	82 a	67,5 a
Neem	70 ab	61,5 a	24 b
Méthamidophos	52,3 bc	51 ab	36 b
Témoin	23,5 c	23,5 b	23,5 b
ANOVA F	10,49	8,69	7,60
P	<0,0001	0,0003	0,0007

Les valeurs dans la colonne suivies par la même lettre ne sont pas significativement différentes (ANOVA, test Student Newman Keuls au seuil de 5%).

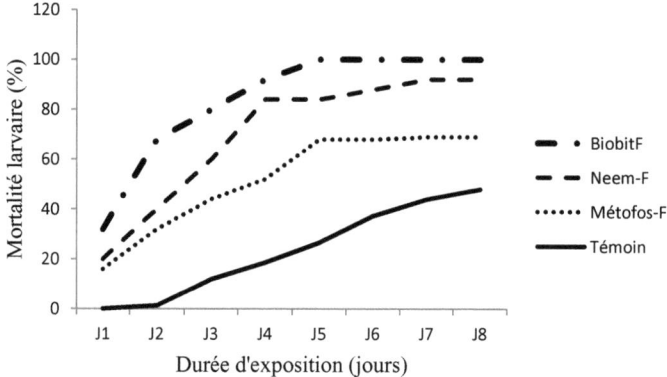

Figure 24: Evolution de la mortalité larvaire de *P. xylostella* en fonction du temps et des traitements à forte dose (F)

5. Effet des traitements à moyenne dose sur la mortalité larvaire

Le taux de mortalité larvaire est significativement différent entre les traitements à moyenne dose (F=8,69 ; P=0,0003 ; Tableau 21). A moyenne dose, le pourcentage de mortalité pour le Biobit varie de 96 à 100% entre 5 et 8 jours d'exposition alors que l'huile de neem sur la même période, ce taux varie de 80 à 88% et pour le

Méthamidophos, il atteint son maximum de 68%. A moyenne dose, le Biobit et l'huile de Neem ont été plus toxiques que le Méthamidophos (figure 25).

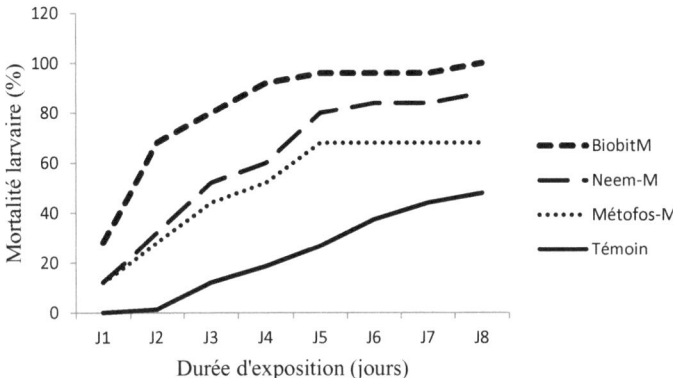

Figure 25: Evolution de la mortalité larvaire de *P. xylostella* en fonction du temps et des traitements à moyenne dose (M)

6. Effet des traitements à faible dose sur la mortalité larvaire

Le taux de mortalité larvaire est significativement différent entre les traitements à faible dose ($F=7,60$; $P=0,0007$; Tableau 21). A faible dose, le taux de mortalité maximale enregistré après 7 jours d'exposition est de 92 % pour le Biobit. Pour l'huile de Neem, le pourcentage de mortalité maximale atteint est de 40% à J6 contre un taux de mortalité de 52% obtenu à J8 pour le Méthamidophos. A faible dose, le Biobit a été plus efficace que l'huile de Neem et le Méthamidophos. Cependant, l'huile de Neem et le Méthamidophos se sont comportés comme le témoin (figure 26).

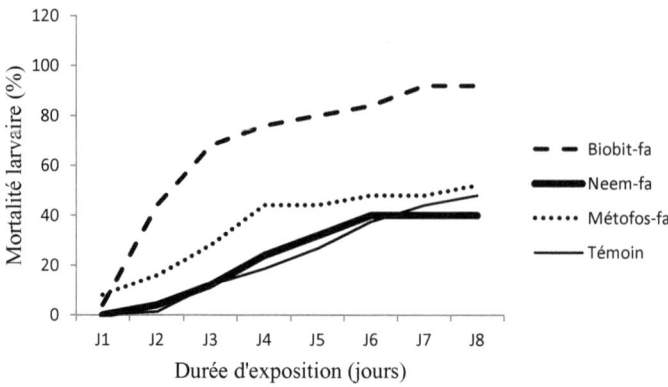

Figure 26: Evolution de la mortalité larvaire de *P. xylostella* en fonction du temps et des traitements à faible dose (fa)

Discussion

Nos résultats ont montré que la toxicité des insecticides dépend des types de formulation et des doses appliquées. Les produits toxiques aux insectes sont ceux qui provoquent une forte mortalité dans la population à faible concentration (Ketoh et al. 2004). Le Biobit est le traitement le plus efficace sur les larves L3 en conditions de laboratoire. La toxicité de *B. thuringiensis* est essentiellement due à la présence des delta-endotoxines (Lereclus et al. 1993). Ce biopesticide s'est révélé plus efficace sur les larves de *P. xylostella* et ceci quelque soit la dose appliquée. González-Cabrera et al. (2010) ont montré l'efficacité de *B. thuringiensis* au laboratoire dans le contrôle de la pyrale de tomate, *Tuta absoluta* (Meyrick) (Lepidoptera: Gelechiidae). Selon Regnault-Roger (2005), l'efficacité de ce biopesticide est due à la rapidité de son mode d'action, la parfaite maîtrise de sa production à l'échelle industrielle et la découverte de nouvelles souches permettant l'élargissement de son spectre d'activité.

Cependant, l'huile de Neem a été efficace à forte et moyenne doses, alors qu'à faible dose, il se comporte comme le Méthamidophos et le témoin. Selon Bouchikhi et al. (2010), la toxicité des insecticides d'extraits végétaux varie selon la dose appliquée et la durée d'exposition. Dans notre étude, les doses forte et moyenne de l'huile de Neem ont été plus toxiques sur les larves de la teigne comparées à la faible dose où la mortalité larvaire était moins importante. Nos résultats sont en adéquation avec ceux de Charleston et al. (2005). Des travaux ont démontré l'impact du Neem sur la mortalité de *P. xylostella* (Isman 1995 ; Perera et al. 2000 ; Liang et al. 2003). Chen et al. (1996) ont révélé que les extraits de Syringa (Meliaceae) causaient de fortes mortalités à différentes doses testées. Cependant, la toxicité moins importante de l'huile de Neem par rapport au Biobit pourrait s'expliquer par son effet surtout anti-appétant et répulsif sur les insectes (Mordue and Blackwell 1993). Les extraits de Neem ont des effets anti-appétant accompagnés d'une réduction importante de la consommation alimentaire de l'insecte phytophage (Liang et al. 2003). Ils contiennent un principe actif, l'Azadirachtine qui présente des propriétés anti appétantes, repoussante, stérilisante, inhibitrice de la mue, de la croissance et du développement larvaire (Dilawari et al. 1994; Schmutterer 1995). Plusieurs auteurs ont montré l'efficacité des extraits végétaux contre *P. xylostella* (Patil and Goud 2003 ; Charleston et al. 2006 ; Ling et al. 2008; Lingathurai et al. 2011).

Le Méthamidophos a été moins efficace que le Biobit et l'huile de Neem contre les larves de la teigne des Crucifères. Ceci pourrait s'expliquer par une baisse de la sensibilité du ravageur à cet insecticide. Ce phénomène est dû probablement à une résistance développée par l'insecte. Les travaux de Sereda et al. (1997) et de Shelton and Wyman (1992) ont démontré la résistance de *P. xylostella* au Méthamidophos.

Ces résultats obtenus au laboratoire démontrent que les biopesticides à base de *Bacillus thuringiensis* et les extraits de Neem ont été efficaces sur *P. xylostella* comparés aux insecticides organiques de synthèse. Ils ont montré une toxicité supérieure sur les larves de la teigne des Crucifères. L'utilisation des entomopathogènes et des extraits végétaux aptes à contrôler les insectes ravageurs des cultures dans les pays en développement pourrait constituer une approche alternative aux traitements insecticides classiques. Des expériences complémentaires sont nécessaires pour préciser la nature des composés impliqués dans leur activité larvicide pour optimiser les doses efficaces. Malgré, les résultats certes encourageants, l'efficacité de ces différents traitements reste encore à démontrer en situations réelles, au champ.

Chapitre 6

Application alternée de *Bacillus thuringiensis*-Neem et ses effets sur les ennemis naturels de *Plutella xylostella* (Lepidoptera: Plutellidae) dans la production de chou

Résumé

Plutella xylostella est un ravageur redoutable des cultures de chou. La lutte chimique est la plus utilisée dans la gestion de ce ravageur malgré ses revers environnementaux et sanitaires. Les produits à base de *Bacillus thuringiensis* (Bt) et de Neem sont actuellement considérés comme alternatives aux insecticides chimiques. Bien que ces produits constituent des palliatifs aux pesticides chimiques, l'optimisation de leur application et la prise en compte du cortège parasitaire de *P. xylostella* sont souvent négligées. L'objectif de ce travail est d'étudier l'impact de produits à base de Bt et de Neem et de leur alternance sur l'infestation de *P. xylostella* et la densité des parasitoïdes au champ. Il s'agit également d'évaluer l'effet de ces produits sur le taux de parasitisme de ces ennemis naturels de *P. xylostella*. Un dispositif en blocs complétement randomisés avec quatre traitements dont Bt, Neem, alternance Bt/Neem, diméthoate et le témoin non traité, est utilisé et comprenant sept répétitions par traitement. Les résultats ont montré que bien qu'il n'y a pas de différences significatives entre les traitements Biobit, Bt/Neem et Neem, ces derniers ont réduit considérablement les populations de *P. xylostella* comparés au traitement avec le diméthoate et le témoin. Il y a une différence significative entre le témoin et le diméthoate ce qui suppose l'existence d'une résistance des populations de *P. xylostella* à l'insecticide chimique. Deux espèces de parasitoïdes ont été majoritairement répertoriées. Il s'agit d'*Oomyzus sokolowskii* et *Apanteles litae*. Le taux de parasitisme a été plus important dans les plants traités au Neem. Le pourcentage de parasitisme est fortement corrélé à l'abondance de *P. xylostella*. Cette corrélation a été observée dans tous les traitements excepté le diméthoate. Toutefois, cette corrélation est beaucoup plus forte dans le traitement Bt/Neem et le Neem. Cette étude suggère que l'utilisation alternée Bt/Neem, après seulement quatre applications, est aussi efficace que les traitements solo dans la lutte contre la teigne des Crucifères ; mais qu'en plus, cette pratique préserve les populations de parasitoïdes.

Mots clés : parasitisme, chou, azadirachtine, teigne, *Bacillus thuringiensis*

Introduction

Les choux constituent une importante source alimentaire et de revenus dans le monde (Grzywacz et al. 2010). En Afrique de l'Ouest, les choux sont cultivés sur 13900 hectares avec une production annuelle estimée à 140500 tonnes (FAOSTAT 2003). Toutefois, la production de choux est sérieusement affectée par la teigne des Crucifères, *Plutella xylostella* (Lepidoptera: Plutellidae) qui peut causer des pertes s'élevant à plus de 90% de la production totale (Verkerk and Wright 1996; Talekar and Shelton 1993; Shelton 2004; Sarfraz et al. 2005). En zone tropicale, on peut observer plus de 25 générations par an (Rowell et al. 2005; Grzywacz et al. 2010) rendant ainsi sa gestion difficile.

En plus de la lutte chimique qui constitue la principale méthode de lutte (Kibata 1996; Horowitz and Ishaaya 1996), d'autres méthodes comme la lutte biologique (Sarfraz et al. 2005), la lutte culturale (Asman et al. 2001), l'amélioration génétique des variétés de choux (Eigenbrode and Shelton 1992) et le piégeage sexuel (Reddy and Urs 1997) sont aussi préconisées.

Cependant, les pesticides chimiques sont de moins en moins appréciés du fait de leur cherté mais aussi des problèmes environnementaux et sanitaires (Huang et al. 2010) dont ils sont la cause majeure. Par ailleurs, les pesticides chimiques entrainent l'élimination des ennemis naturels de la teigne et l'apparition de souches résistantes (Hooks and Johnson 2003; Wright 2004 ; Macharia et al. 2005; Shelton et al. 2007). Les autres méthodes de lutte ne peuvent pas à elles seules contenir les dégâts par conséquent, il y a lieu d'identifier d'autres alternatives à la lutte chimique, moins dangereuses et moins nocives à l'environnement et à la santé humaine.

La plupart des alternatives sont basées sur la promotion des formulations à base de *Bacillus thuringiensis* (Grzywacz et al. 2010) et les insecticides naturels dont les extraits de neem, *Azadirachta indica* A. Juss (Meliaceae) (Goudegnon et al. 2000). Bien que ces produits constituent des palliatifs aux pesticides chimiques, l'optimisation de leur application et la prise en compte du cortège parasitaire de *P. xylostella* sont souvent négligées. C'est pourquoi, l'objectif de ce travail est d'étudier l'impact de produits à base de *B. thuringiensis* et à base de Neem et de leur alternance sur l'infestation de *P. xylostella* et la densité des parasitoïdes au champ. Il s'agit également d'évaluer l'effet de ces produits sur le taux de parasitisme de ces ennemis naturels de *P. xylostella*.

Matériel et méthodes

Site expérimental

Cette étude a été réalisée en saison sèche dans la zone périurbaine de Dakar, dans le site de Malika (figure 27). Ce site appartient à la zone agroécologique des Niayes qui borde la frange maritime Nord du Sénégal. La zone est caractérisée par une alternance de deux saisons : une saison sèche qui s'étend de Novembre à Juin avec des températures moyennes mensuelles de 15 à 20°C et une saison des pluies de Juillet à Octobre avec des températures moyennes mensuelles de 25 à 35°C. Les précipitations annuelles dépassent rarement 500 mm. Les mois d'Août et de Septembre reçoivent environ 80% des précipitations.

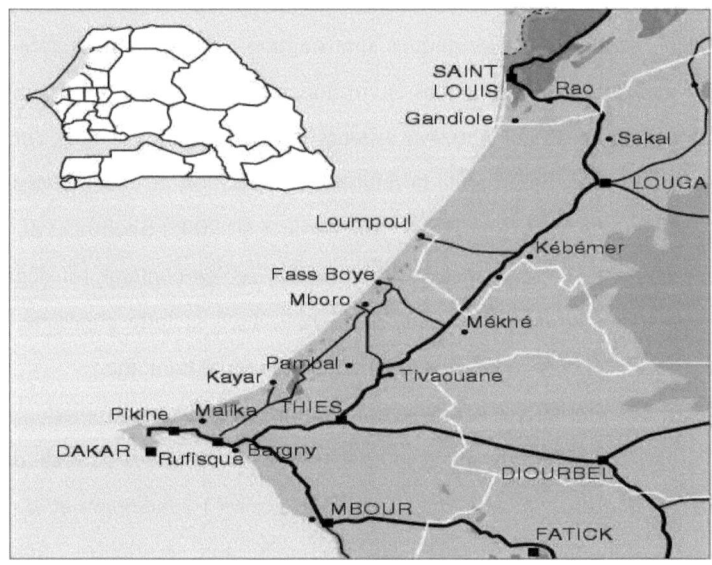

Figure 27: Site d'étude (Malika, Dakar)

La culture de chou

La variété de chou utilisée (*Brassica oleracea*) est le « *Marché de Copenhague* », elle est adaptée à la saison sèche. Le semis en pépinière a été effectué le 25 Décembre 2010. Afin de protéger les futures plantes contre les nématodes phytoparasites, un traitement chimique du sol avec du Furadan a été effectué avant les semis. Dix jours plus tard, de l'urée et des fientes de volaille ont été appliquées. Le repiquage a eu lieu le 27 Janvier 2011, soit un mois après le semis en pépinière. Le sol de repiquage a été sarclé, enrichi en fumiers et arrosé avec une importante quantité d'eau. Cinq jours après repiquage, de l'urée puis de la fiente de volaille ont été apportés. 15 jours après le repiquage, de l'engrais 10-10-20 (NPK) a été appliqué. L'arrosage a été effectué tous les matins à l'aide d'un arrosoir métallique. Le dispositif expérimental utilisé était en blocs de Fischer aléatoires randomisés avec sept blocs formés chacun de cinq parcelles élémentaires. La distance entre les blocs est de 60 cm. L'ensemble du dispositif est composé de 35 parcelles élémentaires, soit 2100 choux plantés. Chaque parcelle élémentaire de dimension (4m×2,5m) était plantée de 60 choux disposés en six lignes formées chacune de 10 plants. La distance entre les lignes et sur la même ligne était de 40 cm.

Les applications de traitements

Les applications foliaires effectuées à l'aide de pulvérisateurs manuels à dos et à pression entretenue ont commencé 25 jours après le repiquage des choux. Elles sont effectuées tous les dix jours. Un mouillant a été ajouté aux différents traitements. Quatre (4) traitements ont été appliqués, il s'agit de : Biobit (*Bacillus thuringiensis* ; Crystal Chemical Company LTD, Europe), Neem (*Azadirachta indica*; Suneem 1% EC), l'alternance Biobit/Neem et Diméthoate (Meteor 400 EC). Un témoin non traité a été également considéré dans l'étude. La dose appliquée pour le Biobit est de 1L pour 100 L d'eau et par hectare. La dose d'application pour le Neem est de 1L/ha. Le Diméthoate a été appliqué à une dose de 1,5 L/ha. Concernant le traitement alterné, quatre applications de Biobit et de Neem en alternance ont été effectuées dans les plants de choux. Le Neem a été appliqué en premier lieu et la dernière application a été celle du Biobit. Ce traitement alterné est arrêté 20 jours plus tôt que les trois autres traitements.

Méthode d'échantillonnage

Les échantillonnages ont démarré 10 jours après le repiquage des choux jusqu'à leur récolte. Ils sont effectués tous les 10 jours en sélectionnant de façon aléatoire dix choux sur les lignes centrales de chaque parcelle élémentaire. Pour chacun des choux échantillonnés, les stades larvaires (L2, L3 et L4), les nymphes et les cocons de parasitoïdes ont été collectés et décomptés. Ils sont élevées au laboratoire jusqu'à la fin de leur développement pour observer l'émergence d'imagos ou de parasitoïdes. L'abondance de *P. xylostella* et ses parasitoïdes et les taux de parasitisme ont été évalués dans les différents traitements ainsi que dans le témoin.

Le taux de parasitisme est calculé en utilisant la formule de Mc Cutcheon (1987):

$$\% \, Parasitisme = \frac{[Nombre \, de \, chenilles \, parasitées]}{[Nombre \, total \, de \, chenilles - Nbre \, chenilles \, mortes]} \, x \, 100$$

Analyses statistiques

Les données sont normalisées puis soumises à une analyse de variance (ANOVA) à l'aide du logiciel XLSTAT version 2012.1.01. Le test de Student Newman-Keuls est utilisé pour séparer les moyennes. Des tests de corrélations Pearson sont utilisés pour déterminer les relations entre variables étudiées. Dans tous les tests, alpha est maintenu à 5%.

Résultats

Effet des traitements sur l'abondance de *P. xylostella*

Il y a une différence significative entre les traitements sur l'abondance de *P. xylostella* (F = 60.07 ; P = 0,0001 ; Tableau 22). Les plants de chou traités au diméthoate ont été plus attaqués (10 larves/plante). Comparés aux plants traités au diméthoate, les plants de chou traités avec Biobit, Biobit/Neem et Neem ont enregistré trois fois moins de larves. Cependant, il n'ya pas de différence significative entre les populations de *P. xylostella* dans les traitements Biobit, Biobit/Neem et Neem. Il ya une différence significative entre le témoin et le traitement Diméthoate (Tableau 22).

Tableau 22: Abondance des populations de *P. xylostella* et des parasitoïdes en fonction des traitements

Traitement	*P. xylostella*	*Parasitoïdes*	*O. sokolowskii*	*A. litae*	*C. plutellae*	*B. citrea*
Témoin	7,890b	0,188a	0,488a	0,189a	0,074a	0,000a
Biobit	2,597c	0,139ab	0,480a	0,077b	0,000b	0,000a
Biobit/Neem	2,928c	0,133ab	0,384a	0,143a	0,000b	0,005a
Neem	3,628c	0,105ab	0,232a	0,161a	0,026ab	0,003a
Diméthoate	9,997a	0,094b	0,189a	0,171a	0,013ab	0,003a

Les moyennes dans la colonne suivies par la même lettre ne sont pas significativement différentes (ANOVA, test de Student Newman-Keuls au seuil de 5%).

Effet des traitements sur l'abondance des populations de parasitoïdes

Il y a une différence significative de l'abondance des parasitoïdes entre les traitements (F = 2,4; df = 4, 24; P = 0,05) (Tableau 22). Les espèces de parasitoïdes les plus abondantes sont : *Oomyzus sokolowskii* (Hym., Eulophidae) et *Apanteles litae* (Hym., Braconidae).

Il n'y a pas de différences significatives sur l'abondance d'*Oomyzus sokolowskii* en fonction des traitements (F = 2.35; ddl = 4, 24; P = 0,05). En ce qui concerne l'abondance d'*Apanteles litae* (Braconidae), les différences sont significatives (F = 3,8; ddl = 4, 24; P = 0,005). Cependant, il n'y a pas de différences significatives entre les traitements Neem, Biobit/Neem, Dimethoate et le témoin. Ce parasitoide a été moins abondant dans le traitement Biobit.

Pour l'abondance en *Cotesia plutellae* (Braconidae), les traitements sont significativement différents (F = 2,8 ; df = 4, 24; P = 0,02), le témoin a enregistré des valeurs significativement plus importantes que les autres traitements. Cependant, il n'y a pas de différences significatives entre les traitements Biobit, Biobit/Neem, Neem et Diméthoate (Tableau 22).

Il n'y a pas de différences significatives entre les traitements concernant l'abondance de *Brachymeria citrea* (Chalcididae) (F = 0,9; df = 4, 24; P = 0,5) (Tableau 22).

Effet des traitements sur le taux de parasitisme

Le taux de parasitisme total varie en fonction des traitements ($F = 2,6$; ddl = 4, 24; $P = 0,03$) (Tableau 23). Le pourcentage de parasitisme est plus important dans le traitement Neem et plus faible dans le traitement Biobit respectivement 9,8 et 5,4 %. Cependant, il n'y a pas de différences significatives entre les traitements Biobit, Biobit/Neem, Dimethoate et le témoin ($P > 0,05$). Il y a une différence significative sur le taux parasitisme total entre le traitement Biobit et Neem. Il n'y a pas de différences significatives sur le pourcentage de parasitisme des parasitoïdes (*O. sokolowskii*, *A. litae*, *B. citrae*) dans les traitements. Toutefois, il y a une différence significative sur le taux de parasitisme de *C. plutellae* dans les traitements ($F = 3,6$; ddl = 4, 24; $P = 0,006$). Il n'y a pas de différence significative entre les traitements Neem, Dimethoate et le témoin. Il n'y a pas de différences significatives entre Biobit, Biobit/Neem et le témoin. Cependant, une différence significative sur le taux de parasitisme de *C. plutellae* est observée entre le traitement Neem et les traitements Biobit, Biobit/Neem (Tableau 23).

Tableau 23: Les taux de parasitisme des différentes espèces de parasitoïdes en fonction des traitements

Traitement	Para. total	*O. sokolowskii*	*A. litae*	*C. plutellae*	*B. citrea*
Témoin	8,833ab	2,905a	5,513a	0,594ab	0,000a
Biobit	5,451b	1,382a	4,069a	0,000b	0,000a
Biobit/Neem	7,238ab	1,598a	5,448a	0,000b	0,192a
Neem	9,862a	1,467a	7,337a	0,995a	0,064a
Diméthoate	6,197ab	0,904a	5,238a	0,260ab	0,256a

Les moyennes dans la colonne suivies par la même lettre ne sont pas significativement différentes (ANOVA, test de Student Newman-Keuls au seuil de 5%)

Dans l'ensemble, il y a une corrélation entre l'abondance en *P. xylostella* et le pourcentage de parasitisme (Pearson R = 0,15; P < 0,0001). Le tableau 3 montre qu'il y a une différence significative entre les populations de *P. xylostella* et le taux de parasitisme total dans les traitements Biobit, Biobit/Neem, Neem et le témoin. La corrélation est beaucoup plus forte dans le traitement Biobit/Neem. Cependant, la corrélation n'est pas significative dans le traitement Diméthoate (Tableau 24).

Tableau 24: Corrélation entre l'abondance de *P. xylostella* et le taux de parasitisme en fonction des traitements

	Biobit	Biobit/Neem	Neem	Témoin	Diméthoate
Valeur observée	0,144	0,323	0,287	0,181	0,096
p-value	0,004	< 0,0001	< 0,0001	0,000	0,057

Discussion

L'alternance du Biobit et du Neem est aussi efficace sur les populations de *P. xylostella* que le Biobit et le Neem appliqués en solo comparés au Diméthoate et au témoin. La toxicité de *B. thuringiensis* sur les lépidoptères est essentiellement liée à la présence des delta-endotoxines (Lereclus et al. 1993). Ces résultats ont montré l'efficacité du Biobit sur *P. xylostella* et confirment les travaux antérieurs (Monnerat et al. 2000; Van Frankenhuyzen 2000; Roh et al. 2007 ; González-Cabrera et al. 2010). L'efficacité du Neem sur *P. xylostella* a été également confirmée au laboratoire. Il a été rapporté que les extraits de neem ont des effets anti-appétant, repoussant, stérilisant, inhibiteur de la mue, de la croissance et du développement larvaire de *P. xylostella* (Dilawari et al. 1994 ; Liang et al. 2003 ; Patil and Goud 2003).

L'utilisation massive des produits à base de *B. thuringiensis* pourrait être la cause de résistance chez les insectes (Monnerat et al. 2000). Dans ce cas, le traitement alterné de Biobit et Neem constitue un avantage sans précédent pour les paysans car réduisant considérablement le niveau d'infestation de la teigne après seulement quatre applications. Par conséquent, cette application pourrait contribuer à réduire l'apparition de souches résistantes à l'un des deux insecticides.

L'abondance et la diversité des populations de parasitoïdes varient significativement en fonction des traitements. Les populations étaient plus abondantes dans le traitement témoin suivi du Biobit. Dans cette étude, il n'y a pas de différence significative entre les traitements Biobit, Biobit/Neem et Neem. Toutefois, en ce qui concerne le pourcentage de parasitisme total, le traitement au Neem a enregistre les valeurs les plus importantes suivi du témoin. Les parasitoïdes *A. litae* et *O. sokolowskii* semblent être les plus performants que les autres. Ces résultats confirment les travaux de Haseeb et al. 2004; Xu et al. 2004. La faible abondance des populations de parasitoïde surtout des Braconidae dans les plants traités au Biobit pourrait s'expliquer par la baisse du niveau d'infestation de l'hôte ou de l'effet probable du *Bt* sur ces auxiliaires. En effet, Monnerat et al. (2000) ont montré que le niveau de parasitisme de *P. xylostella* suit l'augmentation des populations de l'hôte pendant une culture de choux à Brasilia. *Cotesia plutellae* était plus prépondérante dans le témoin, le Neem et le diméthoate. Par contre, dans les traitements Biobit et Biobit/Neem les abondances sont très faibles. Atwood et al. (1997) ont montré que le *Bt* a un effet négatif sur *C. plutellae*, alors que Chilcutt and Tabashnik (1999) ont révélé que les toxines de *Bt* étaient sans effets sur des adultes de *C. plutellae*. Les résultats ont montré que le taux de parasitisme de *C. plutellae* a été significativement plus élevé dans le traitement de Neem. Nos résultats sont similaires aux travaux d'Atwood et al. (1997) et ceux de Charleston et al. (2006) qui ont montré que *C. plutellae* a un taux de parasitisme supérieur dans les plants de choux traités aux extraits de *Melia azedarach* L. (Meliaceae) et de *Azadirachta indica Juss.* (Meliaceae).

La faible corrélation dans le traitement au diméthoate entre l'abondance de *P. xylostella* et le taux de parasitisme montre que le diméthoate réduit l'effet du parasitisme des auxiliaires. Ces résultats ont été déjà rapportés par d'autres auteurs (Sarfraz and Keddie 2005 ; Sarfraz et al. 2005). Autrement dit, en l'absence de traitements chimiques, les parasitoïdes peuvent contrôler les populations de *P. xylostella* (Talekar and Shelton 1993; Noda et al. 2000; Ohara et al. 2003; Braun et al. 2004).

Ces résultats obtenus au champ montrent que le traitement alterné de Biobit et de Neem paraît plus intéressant dans la gestion des populations de *P. xylostella* car réduisant considérablement la teigne après seulement quatre applications. En plus, ce traitement préserve efficacement les ennemis naturels de la teigne des Crucifères. Cette pratique doit être considérée dans les programmes de lutte intégrée et ceci d'autant plus qu'elle est plus lucrative pour le paysan.

Chapitre 7

Effets des applications de traitements alternés *Bacillus thuringiensis* Berliner et Neem sur les paramètres agronomiques du chou

Résumé

La teigne des Crucifères *Plutella xylostella* est un ravageur d'importance économique du chou. Les pesticides chimiques constituent le principal moyen de lutte contre cet insecte. Cependant, les pesticides botaniques et microbiens constituent une alternative aux insecticides chimiques conventionnels. L'objectif de cette étude est de comparer l'effet d'un traitement alterné *Bacillus thuringiensis* (Bt) et Neem sur les paramètres agronomiques du chou par rapport à des applications en solo et chimiques. Un dispositif en blocs complétement randomisés avec quatre traitements dont Bt, Neem, alternance Bt/Neem, diméthoate (témoin traité) et le témoin non traité, est utilisé et comprenant sept répétitions par traitement. Les résultats ont montré que l'application alternée Bt/Neem est aussi efficace que les traitements en solo sur les insectes ravageurs dont *P. xylostella* que sur le chou. Les paramètres agronomiques sont fortement liés au niveau d'infestation de *P. xylostella* et autres ravageurs. Le nombre de feuilles est plus élevé dans le témoin et le diméthoate en réponse aux dommages plus importantes, tandis que les diamètres des choux étaient plus élevés dans les traitements Biobit et Neem. Il n'y a pas de différence significative entre le Biobit et le traitement alterné en termes de poids de choux. Le diamètre des choux traités avec le Bt seul est plus élevé que ceux traités avec l'alternance Bt/Neem. Cependant, il n'y a pas de différence significative entre le traitement alterné et le Neem. Le rendement est plus important avec les plants de chou traités au Bt ; cependant, il n'ya pas de différence significative avec le traitement alterné et le Neem en solo. La corrélation est significative entre les paramètres agronomiques et la présence des parasitoïdes. La corrélation est significativement plus élevée entre le nombre de feuilles, le diamètre et le poids de choux en présence d'*Oomyzus sokolowskii*. Ces résultats indiquent que le traitement alterné de Bt et Neem est économiquement durable par rapport au traitement solo et peut être adopté dans des programmes intégrés de gestion des ravageurs du chou.

Mots clés : *Plutella xylostella*, Biobit, Neem, chou, gestion intégrée des ravageurs, rendement

Introduction

Le Chou *Brassica oleracea* (Brassicaceae) est une des cultures les plus importantes dans le monde, particulièrement en Afrique où, il est une source de nourriture et de revenus pour de nombreuses populations (FAOSTAT 2003). Toutefois, la production de chou est limitée par divers insectes ravageurs dont principalement la teigne des Crucifères *Plutella xylostella* (Lepidoptera: Plutellidae). Ce ravageur peut causer des dégâts importants à ces cultures (Collingwood et al. 1981, Talekar and Shelton 1993). Bien qu'il soit difficile d'estimer les pertes de récolte surtout dans les petites exploitations agricoles en Afrique (Kibata 1996), Krishnamoorthy (2004) fait état d'une perte de rendement de 52% sur le chou, ce qui est au-delà du seuil économique.

Les pesticides de synthèse constituent les principaux moyens de lutte utilisés contre la teigne des Brassicacées (Sow et al. 2013b). L'utilisation intensive de ces pesticides est à l'origine du phènoméne de résistance chez les populations de *P. xylostella* (Eigenbrode and Shelton 1990). Le coût de la lutte contre ce ravageur est estimé à 1 milliard $ US annuellement (Grzywacz et al. 2010). En raison de leurs effets néfastes sur l'environnement et sur la santé humaine, les agents de lutte biologique constituent aujourd'hui une alternative aux pesticides chimiques (Verkerk and Wright 1996 ; Wright 2002 ; Sow et al. 2013c).

La teigne des Crucifères compte plusieurs ennemis naturels, dont les parasitoïdes, les prédateurs et les microorganismes (McCutcheon 1987 ; Rowell et al. 2005). Parmi les micro-organismes, la bactérie *Bacillus thuringiensis* est jugée très prometteuse dans le contrôle des ravageurs lépidoptères (Lereclus et al. 1993 ; González-Cabrera et al. 2010 ; Huang et al. 2010). Les pesticides naturels tels que les extraits de neem peuvent occuper aussi une place de choix dans des programmes de gestion intégrée des ravageurs (Dilawari et al. 1994 ; Liang et al. 2003 ; Sarfraz et al. 2005 ; Charleston et al. 2006). Cependant, des études antérieures ont montré que l'utilisation intensive de *B. thuringiensis* peut induire une résistance dans les populations de *P. xylostella* (Tabashnik et al. 1994 ; Meyer et al. 2001). En outre, l'utilisation de *B. thuringiensis* pour le contrôle de la teigne des Crucifères peut également affecter les auxiliaires en particulier le complexe d'ennemis naturels (Monnerat et al. 2000).

L'alternance de Neem et de *B. thuringiensis* est donc considérée comme une méthode prometteuse pour le contrôle de la teigne du chou (Ahmad 1999 ; Prasad et al. 2007 ; Roh et al. 2007). Cependant, les bénéfices agronomiques de l'utilisation de cette technique n'ont pas été bien étudiés. Les expériences antérieures ont montré que la plupart des agriculteurs adopte des technologies après avoir été exposés à des résultats concrets d'une telle innovation. L'objectif de cette étude est de comparer l'effet des traitements alternés de *B. thuringiensis* et de neem sur les niveaux d'infestation des ravageurs en particulier *P. xylostella* et ses répercussions sur les paramètres agronomiques et le rendement du chou au champ.

Matériel et méthodes

Site expérimental

Cette étude a été réalisée en saison sèche dans la zone périurbaine de Dakar, dans le site de Malika. Ce site appartient à la zone agroécologique des Niayes qui borde la frange maritime Nord du Sénégal. La zone est caractérisée par une alternance de deux saisons : une saison sèche qui s'étend de Novembre à Juin avec des températures moyennes mensuelles de 15 à 20°C et une saison des pluies de Juillet à Octobre avec des températures moyennes mensuelles de 25 à 35°C. Les précipitations annuelles dépassent rarement 500 mm. Les mois d'Août et de Septembre reçoivent environ 80% des précipitations.

Figure 28: Parcelle de choux sur le site de Malika

La culture de chou

La variété de chou (*Brassica oleracea*) utilisée dans cette étude est le « *Marché de Copenhague* » (figure 28), elle est adaptée à la saison sèche. Le semis en pépinière est effectué le 25 Décembre 2010. Afin de protéger les futures plantes contre les nématodes phytoparasites, un traitement chimique du sol avec du Furadan est effectué avant les semis. Dix jours plus tard, de l'urée et des fientes de volaille sont appliquées. Le repiquage a eu lieu le 27 Janvier 2011, soit un mois après le semis en pépinière. Le sol de repiquage a été sarclé, enrichi en fumiers et arrosé avec une importante quantité d'eau. Cinq jours après repiquage, de l'urée puis de la fiente de volaille sont apportés. 15 jours après le repiquage, de l'engrais 10-10-20 (NPK) est appliqué. L'arrosage est effectué tous les matins à l'aide d'un arrosoir métallique. Le dispositif expérimental utilisé était en blocs de Fischer aléatoires randomisés avec sept blocs formés chacun de cinq parcelles élémentaires. La distance entre les blocs est de 60 cm. L'ensemble du dispositif est composé de 35 parcelles élémentaires, soit 2100 choux plantés. Chaque parcelle élémentaire de dimension (4m×2,5m) était plantée de 60 choux disposés en six lignes formées chacune de 10 plants. La distance entre les lignes et sur la même ligne était de 40 cm.

Les applications phytosanitaires

Quatre (4) traitements sont utilisés : Biobit (*Bacillus thuringiensis* ; Crystal Chemical Company LTD, Europe), Neem (*Azadirachta indica*; Suneem 1% EC), l'alternance Biobit/Neem et Diméthoate (Meteor 400 EC). Un témoin non traité a été également considéré dans l'étude. La dose appliquée pour le Biobit est de 1L pour 100 L d'eau et par hectare. La dose d'application pour le Neem est de 1L/ha. Le Diméthoate a été appliqué à une dose de 1,5 L/ha. Les applications foliaires effectuées à l'aide de pulvérisateurs manuels à dos et à pression entretenue ont commencé 25 jours après le repiquage des choux. Elles sont effectuées tous les dix jours. Pour le traitement alterné, quatre applications de Biobit et de Neem en alternance ont été effectuées dans les plants de choux. Le Neem a été appliqué en premier lieu et la dernière application a été celle du Biobit. Ce traitement alterné est arrêté 20 jours plus tôt que les autres traitements.

Méthode d'échantillonnage

Les échantillons sont prélevés au hasard en sélectionnant 10 choux dans les rangées centrales de chaque parcelle. Les larves et les pupes de *P. xylostella* de même que les cocons de parasitoïdes sont dénombrés. D'autres insectes nuisibles, y compris les larves de *Hellula undalis* Fabricius (Pyralidae), Aphididae et Aleyrodidae sont aussi recueillis et comptés dans chaque traitement. Les œufs et les larves L1 de *P. xylostella* qui sont à l'intérieur des feuilles ne sont pas considérés au cours des prélèvements.

Pour chacun des traitements, les feuilles de chaque plant prélevé sont dénombrées et le diamètre des choux est mesuré à l'aide d'une règle graduée. Les poids des choux à la récolte sont mesurés à l'aide d'une balance électronique. Les rendements sont évalués pour chaque traitement. Les échantillonnages ont commencé 10 jours après le repiquage des choux et ils sont réalisés tous les dix jours jusqu'à la récolte.

Analyses statistiques

Les données sont normalisées par transformation logarithmique puis soumises à une analyse de la variance (ANOVA) avec le logiciel XLSTAT version 2012.1.01. La comparaison des moyennes est effectuée à l'aide du test de Student-Newman-Keuls (SNK). Les relations entre les paramètres agronomiques et les infestations de ravageurs d'une part et d'autre part avec la présence des parasitoïdes sont étudiées à l'aide des analyses de corrélation de Pearson. Le niveau de signification est maintenu à 5% pour toutes les analyses.

Résultats

Interrelations entre les paramètres agronomiques et les infestations de ravageurs

Les résultats montrent que les paramètres agronomiques tels que le nombre de feuilles, le poids et le diamètre des choux sont corrélés avec le niveau des infestations de ravageurs. Cependant, il n'y a pas de corrélation entre l'infestation de *P. xylostella* et les autres ravageurs du chou (Tableau 25).

Tableau 25: Corrélation entre les paramètres agronomiques et les infestations d'insectes ravageurs du chou

	Nbre de feuilles	Diamètre (cm)	Poids (g)	*P. xylostella*
Diamètre (cm)	**0,527**			
Poids (g)	**0,201**	**0,545**		
P. xylostella	**0,221**	**0,366**	**0,134**	
Autres ravageurs	**0,287**	**0,150**	**0,150**	0,008

En gras, les valeurs significatives avec alpha = 0,050 (test bilatéral)

Infestation des ravageurs

Il y a des différences significatives entre les traitements sur les niveaux d'infestation de *P. xylostella* ($F_{(4, 24)}$ = 63,14; P <0,0001) et sur les autres ravageurs ($F_{(4, 24)}$ = 14,16; P <0,0001). Cependant, la population de *P. xylostella* est significativement plus élevée dans le traitement chimique au diméthoate et dans le témoin non traité. Il n'y a pas de différences significatives entre les traitements Biobit, Neem et Biobit/Neem. L'infestation des autres ravageurs est significativement plus élevée dans le témoin. Il n'y a pas de différence significative entre les autres traitements (Figure 29).

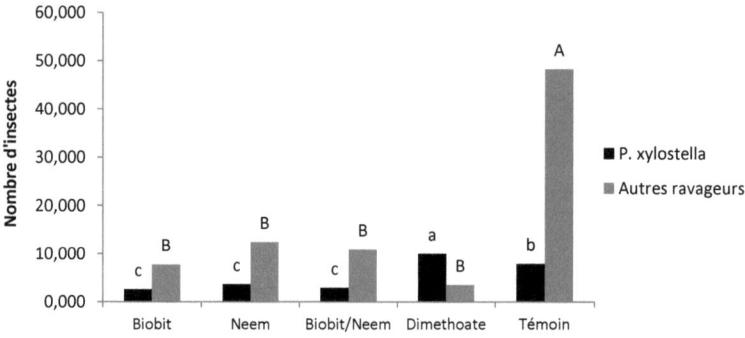

Figure 29: Nombre d'insectes ravageurs enregistrés dans les différents traitements

Effet des traitements sur les paramètres agronomiques du chou

Il y a des différences significatives entre les traitements sur les poids ($F_{(4,24)}$ = 4,19 ; P = 0,002), le diamètre ($F_{(4,24)}$ = 2,39 ; P = 0049) et le nombre de feuilles de choux ($F_{(4,24)}$ = 3,63 ; P = 0,006). Le poids des choux est significativement plus élevé dans le traitement avec Biobit (P < 0,05). Cependant, il n'y a pas de différences significatives entre les traitements : Biobit, Neem et Biobit/Neem. Les poids sont significativement plus faibles dans le traitement au diméthoate et le témoin (tableau 26). Le diamètre de chou est significativement plus élevé dans le traitement Biobit. Il n'y a pas de différences significatives entre les traitements Neem, Biobit, diméthoate et le témoin (Tableau 26). Concernant le nombre de feuilles, il n'y a pas de différences significatives entre les traitements : Neem, Biobit / Neem, diméthoate et le témoin. Cependant, il y a des différences significatives entre les traitements : Biobit et diméthoate d'une part et d'autre part entre Biobit et le témoin (Tableau 26).

Tableau 26: Paramètres agronomiques du chou traités avec Biobit, Neem, Biobit/Neem et Diméthoate

Traitements	Poids (g)	Diamètre (cm)	Nbre de feuilles
Biobit	197,6a	31,9a	17,3b
Neem	158,2ab	30,3ab	19,6ab
Biobit/Neem	146,4ab	29,2b	18,8ab
Diméthoate	119,4b	30,2ab	20,2a
Témoin	118,9b	30,6ab	20,8a

Dans chaque colonne, les moyennes suivies par la même lettre ne sont pas significativement différentes (ANOVA, test Student Newman Keuls à 5%)

Effet des traitements sur le rendement

Le rendement des choux est significativement différent entre les traitements (F=177,69 ; P < 0,0001). Il est significativement plus élevé dans les plants de choux traités au Biobit avec 12,2 t/ha. Il n'y a pas de différences significatives entre le traitement alterné et les traitements solos de Biobit et de Neem. Cependant, il est significativement plus faible dans les plants traités au diméthoate et dans le témoin qui donnent respectivement des rendements de 7,2 t/ha et 7,1 t/ha (figure 30).

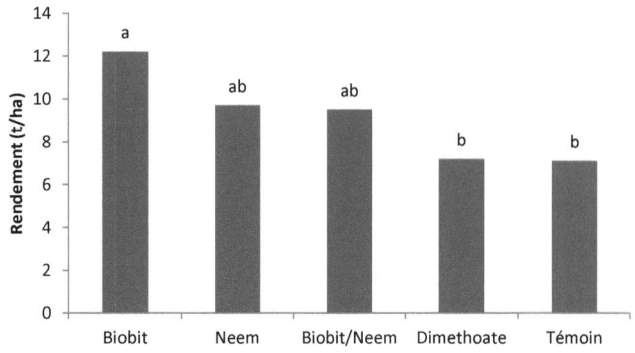

Figure 30: Effet des applications sur le rendement des choux

Interrelations entre les paramètres agronomiques et les parasitoïdes

Il y a une corrélation significative entre les paramètres agronomiques du chou: poids, diamètre et nombre de feuilles et les populations de parasitoïdes (Tableau 27). La corrélation est significative entre les paramètres agronomiques et la présence du parasitoïde *Oomyzus sokolowski*. La présence d'*Apanteles litae* est corrélée seulement au poids et au diamètre des choux alors que l'abondance des parasitoïdes *Cotesia plutellae* et *Brachimeria* sp. est corrélée au poids (Tableau 27).

Tableau 27: Relation entre les paramètres agronomiques et les populations de parasitoïdes

Parasitoïdes	Poids (g)	Diamètre (cm)	Nbre de feuilles
Oomyzus skolowski	**0,105**	**0,137**	**0,085**
Apanteles litae	**0,099**	**0,135**	- 0,009
Cotesia plutellae	**0,048**	0,043	- 0,019
Brachymeria sp.	**0,060**	0,036	0,020

En gras, les valeurs significatives avec alpha = 0,050 (test bilatéral)

Discussion

Le niveau d'infestation des ravageurs est significativement différent entre les traitements. Cependant, l'infestation par *P. xylostella* n'est pas significativement différente entre les traitements Biobit, Neem et l'alternance Biobit/Neem. Bien que significativement plus élevé dans le témoin, le niveau d'infestation des autres ravageurs n'est pas significativement différente entre les traitements Biobit, Neem, Biobit/Neem et Diméthoate. Ces résultats suggèrent qu'en dehors des dégâts causés par *P. xylostella*, la contribution des autres ravageurs dans les dommages sur le chou est négligeable.

L'application de *Bacillus thuringiensis* contre la teigne des Crucifères et autres lépidoptères ravageurs est préconisée par de nombreux auteurs (Lereclus et al. 1993 ; Kibata 1996). La bactérie *B. thuringiensis* semble présenter de nombreux avantages. Bien qu'il n'y ait pas de différences significatives entre Biobit, Neem et de l'alternance, l'application de *B. thuringiensis* a enregistré les poids et les diamètres du chou plus élevés. Cependant, il n'y a pas de différences significatives entre les traitements : Biobit, Neem et de l'alternance. Ceci suggère que le traitement alterné Biobit-Neem, appliqué seulement en quatre reprises, peut donner des résultats similaires que les traitements solo de Biobit et de Neem. Des résultats similaires ont été démontrés par de nombreux scientifiques (Verkerk and Wright 1996 ; Wright 2002 ; Prasad et al. 2007 ; Roh et al. 2007). En ce qui concerne le nombre de feuilles, les résultats montrent que le témoin a enregistré les valeurs les plus élevées. Le traitement au Biobit a donné la plus faible valeur ; cependant, il n'y a pas de différence significative avec les traitements de Neem et de l'alternance Biobit/Neem. L'importance du nombre de feuilles peut être considérée comme la réponse aux contraintes causées par les dommages de *P. xylostella* sur la plante hôte (Ayalew 2006). Comme les larves de la teigne des Crucifères se développent sur les feuilles de chou, ils empêchent les processus physiologiques tels que la photosynthèse et la respiration. Comme une réponse, plus de feuilles sont générés par la plante afin de contourner la contrainte (Verkerk and Wright 1996 ; Wojciechowska and Leja 1999 ; You and Yang 2001).

Le rendement plus élevé observé dans les traitements Biobit, Neem et le traitement alternatif pourrait être expliqué par les faibles niveaux d'infestation de *P. xylostella*. L'utilisation de formulations à base de *B. thuringiensis* peut augmenter les rendements (Huang et al. 2005; Cattaneo et al. 2006). Selon le Centre de développement horticole (CDH), le rendement standard du chou est estimé entre 10 et 20 t/ha. Les baisses de rendement sont également dues aux dégâts causés par *Hellula undalis*. La présence des autres ravageurs du chou, en particulier *Hellula undalis* (Lep., Pyralidae) dont les larves mangent le bourgeon terminal des plantes, ce qui entraine donc la croissance des bourgeons axillaires et la formation de petites pommes de chou non commercialisables (Goudegnon et al. 2000). Les faibles rendements observés dans le traitement au diméthoate et le témoin sont principalement causés par les dégâts de *P. xylostella*. Selon Ayalew (2006), les pertes de rendement des choux peuvent varier considérablement en fonction des niveaux d'infestation.

Par ailleurs, l'application de *B. thuringiensis* et Neem est considérée comme étant moins nocive sur les auxiliaires de *P. xylostella* tels que les hyménoptères parasitoïdes et les ennemis naturels par rapport aux pesticides chimiques (Roh et al. 2007).

Les résultats de cette étude ont montré qu'il y a une corrélation significative entre la présence de parasitoïdes et les paramètres agronomiques. Les parasitoïdes *O. sokolowski* et *A. litae* semblent être plus contributeurs aux paramètres agronomiques du chou, ce qui est alors un gain considérable pour l'agriculteur. L'étude a révélé que, pour une production de choux plus efficiente et plus rentable, il est préférable de s'appuyer sur les agents de lutte biologique comme les parasitoïdes que d'appliquer des pesticides chimiques de synthèse. Cela pourrait être expliqué par les effets négatifs des produits chimiques de synthèse sur le complexe d'ennemis naturels et l'induction de la résistance aux populations de ravageurs. L'utilisation d'un traitement alterné Biobit/Neem peut donc contribuer à réduire considérablement les niveaux d'infestation des ravageurs et de limiter l'apparition de souches résistantes. Il est démontré que l'application incontrôlée de *B. thuringiensis* pourrait être la source d'induction de résistance chez la teigne des Crucifères (Chilcutt et Tabashnik 1999 ; Monnerat et al. 2000).

Le chou est l'une des cultures les plus difficiles à cultiver et à vendre en particulier en Afrique, ceci est dû aux nombreux dégâts occasionnés essentiellement sur les feuilles et qui découragent les clients. D'autre part, l'utilisation des taux élevés de pesticides chimiques peut compromettre la qualité de ces productions maraîchères. L'étude a montré qu'avec l'utilisation de quatre applications en alternance de Biobit et Neem, il est possible de réaliser un contrôle biologique efficace de la teigne des Crucifères et de produire des choux de plus grande qualité. La technique est économiquement plus rentable et peut donc être recommandé aux agriculteurs des pays en développement.

Conclusion générale et perspectives

Cet ouvrage se focalise sur la gestion intégrée et durable de la teigne des Crucifères, *Plutella xylostella* (L.), Lepidoptera ; Plutellidae. Au Sénégal, ce ravageur cause d'énormes pertes de production auprès des maraichers. Pour faire face aux dégâts, ils ont recours principalement aux traitements d'insecticides de synthèse. Cependant, ces pesticides sont à l'origine de nombreuses conséquences telles que, l'intoxication des producteurs et des consommateurs, l'élimination des ennemis naturels de la teigne, l'augmentation du coût de production et l'apparition de souches résistantes (Shelton et al. 2007 ; Huang et al. 2010). Il faut donc envisager la lutte intégrée comme une solution plus intéressante pour gérer à la fois les problèmes de résistance de *P. xylostella* et le manque d'efficacité de ses ennemis naturels, d'ailleurs parfois lié aux applications d'insecticides.

Les études de l'impact des facteurs abiotiques et biotiques (saison, température, pluviométrie, plante hôte et ennemis naturels) sur la dynamique des populations de *P. xylostella* au champ ont montré que :

Les facteurs climatiques influencent la dynamique des populations de *P. xylostella* et leur faune auxiliaire. Ainsi, les basses températures de la saison sèche semblent favoriser le développement du ravageur et ses auxiliaires (Sow et al. 2013a).

Le parasitisme naturel reste faible dans la zone et n'exerce aucune influence sur le contrôle des populations locales de *P. xylostella*. D'après Ueno and Tanaka (1996), le taux de parasitisme est faible dans la nature. Cette faiblesse du taux de parasitisme pourrait s'expliquer par la succession élevée de générations du ravageur et de l'usage abusif des insecticides chimiques. Ces études sont importantes pour comprendre les facteurs qui favorisent ou inhibent les populations de ravageurs et leurs ennemis naturels, et par conséquent, essentielles à la protection efficace des cultures.

Parmi les ennemis naturels de la teigne, le parasitoïde larvo-nymphal *Oomyzus sokolowskii* (Kurdjumov), Hymenoptera ; Eulophidae, est considéré comme le plus important endoparasitoïde et agent de lutte biologique pour la gestion des populations de *P. xylostella* (Wang et al. 1999; Ferreira et al. 2003). Les études réalisées au laboratoire sur la biologie et la performance d'*O. sokolowskii* ont montré que :

Il existe un dimorphisme sexuel lié à la taille ; la femelle a une taille supérieure à celle du mâle. *Oomyzus sokolowskii* est un parasitoïde koïnobionte, c'est-à-dire que l'hôte poursuit son développement même après le parasitisme. C'est aussi un parasitoïde larvo-nympal et grégaire. Hormis la reproduction sexuée, les femelles d'*O. sokolowskii* sont capables de se reproduire par la parthénogenèse de type arrhénotoque. Les femelles pondent leur œuf tout au long de leur vie reproductive : elle est synovogénique. Cette espèce parasite tous les stades larvaires et les prénymphes avec une nette préférence pour les stades larvaires L4 de l'hôte.

Ces études confirment l'importance du parasitoïde *O. sokolowskii* comme un agent biologique qui peut être utilisé dans une approche de lutte biologique par augmentation. Cependant, sa performance peut être affectée par l'origine géographique de l'hôte. L'âge du parasitoïde peut être aussi un facteur limitant dans la production d'*O. sokolowskii* ; donc d'autres paramètres doivent être considérés pour une gestion efficace des populations de *P. xylostella*. Ces résultats ont montré la nécessité de connaitre la période favorable pour asseoir un succès réel du parasitisme de la teigne par le parasitoïde.

Pour conclure, bien que ce travail s'inscrive clairement dans un contexte de recherche développement, les résultats obtenus pourraient aussi permettre la mise en place d'outils pour des applications dans la lutte biologique. Les résultats de ce travail permettent d'avoir une meilleure connaissance sur la biologie et le comportement d'*O. sokolowskii*, un des principaux ennemis naturels de *P. xylostella*, ce qui est nécessaire pour une meilleure utilisation de l'espèce en lutte biologique (Sow et al. 2013d).

En dépit des quatre espèces de parasitoïdes rencontrés ; *O. sokolowskii*, *Apanteles litae* (Nixon), *Cotesia plutellae* (Kurdjumov), *Brachymeria citrae* (Steffan), les taux de parasitisme des stades immatures de *P. xylostella* produits ne peuvent contrôler efficacement les populations du ravageur d'où la nécessité de recours à d'autres méthodes de lutte additionnelles telles que le biopesticide à base de *Bacillus thuringiensis* (Bt) et le pesticide naturel, le Neem.

Ainsi, les études réalisées d'abord au laboratoire ont confirmé l'efficacité du Bt et du Neem sur les stades immatures de *P. xylostella* comparées aux insecticides chimiques largement utilisés dans la zone des Niayes.

Au champ, l'application d'un traitement alterné *B. thuringiensis* et Neem sur *P. xylostella* et ses ennemis naturels a montré sa plus grande efficacité dans la réduction des infestations du ravageur. Ces résultats obtenus au champ montrent que le traitement alterné du biopesticide et du produit à base de Neem paraît plus intéressant dans la gestion des populations de *P. xylostella* car réduisant considérablement la teigne après seulement quatre applications. En plus, ce traitement préserve efficacement les ennemis naturels de la teigne des Crucifères. Par ailleurs, ce traitement biologique et naturel a donné des poids et des rendements du chou plus importants. Ainsi, cette pratique doit être considérée dans les programmes de lutte intégrée et ceci d'autant plus qu'elle est plus lucrative pour l'agriculteur.

Les résultats présentés dans ce document ouvrent la voie à de nombreuses perspectives, notamment dans l'étude de l'implication des endosymbiontes dans les relations hôte-parasitoïde. Il sera important aussi d'étudier le mécanisme de la résistance de *P. xylostella* aux insecticides par une caractérisation de ce phénomène.

Bibliographie

Abro GH, Soomro RA, Syed TS, 1992. Biology and behaviour of diamondback moth, *Plutella xylostella* (L.). Pakistan Journal of Zoology 24: 7-10.

Ahmad I, 1999. Dosage Mortality Studies with *Bacillus thuringiensis* and Neem Extract on Diamondback Moth, *Plutella xylostella* (L.) (Lepidoptera: Plutellidae). Indonesian Journal of Plant Protection 5: 67-71.

Alam MM, 1990. Diamondback moth and its natural enemies in Jamaica and some other Carribean Islands. In: Talekar N. S. (Ed.), Management of Diamondback moth and other crucifer pests: Proceedings of the 2 nd International Workshop, 10-14 December 1990, Tainan, Taiwan, Asian Vegetable Research and Development Center. p. 233-243.

Amalin DM, Peña JE and Duncan RE, 2005. Effects of host age, female parasitoid age, and host plant on parasitism of *Ceratogramma etiennei* (Hymenoptera: Trichogrammatidae). Fla. Entomol. 88, 77-82.

Andow DA, Ragsdale, DW and Nyvall RF, 1997. Ecological interactions and biological control. Westview Press, Boulder, Colorado.

Ankersmith GW, 1953. DDT-resistance in *Plutella maculipennis* (Curt.) (Lep.) in Java. Bulletin of Entomological Research 44: 421-425.

Ansari MS, Ahmad T, Ali H, 2010.Effect of Indian mustard on feeding, larval survival and development of *Plutella xylostella* at constant temperatures. Entomological Research 40: 182-188.

Aruna AS and Manjunath D, 2010. Reproductive performance of *Nesolynx thymus* (Hymenoptera: Eulophidae) as influenced by host (*Musca domestica*) size. BioControl 55: 245–252.

Askew RR and Shaw MR, 1986. Parasitoid communities: their size, structure and development. *In:* Waage, J. and Greathead, D. (Eds), *Insect parasitoids.* Academic press, London. 225–264.

Askew RR, 1971. Parasitic insects. Heinemann Inc., London. Brenner RJ, Barnes KC, Helm RM, Williams LW (1991) Modernized society and allergies to arthropods. Am. Entomol. 37: 143-155.

Asman K, Ekbom B, Ramert B, 2001. Effect of intercropping on oviposition and emigration behavior of the leek moth (Lepidoptera, Acrolepiidae) and the diamondback moth (Lepidoptera, Plutellidae). Environmental Entomology 30: 288-294.

Attique MNR, Khaliq A and Sayyed AH, 2006. Could resistance to insecticides in *Plutella xylostella* (Lep., Plutellidae) be overcome by insecticide mixtures? J. Appl. Entomol. 130: 122-127.

Atwall AS, 1955. Influence of temperature, photoperiod, and food on the speed of development, longevity and other qualities of the diamondback moth, *Plutella maculipennis* (Curtis) (Lepidoptera : Yponomeutidae). Australian Journal of Zoology 3: 185-221.

Atwood DW, Young SY, Kring TJ, 1997. Development of *Cotesia plutellae* (Hymenoptera: Braconidae) in tobacco budworm (Lepidoptera: Nocuidae) larvae treated with *Bacillus thuringiensis* and thiodicarb. J. Econ. Entomol. 90: 751-756.

Ayalew G, Löhr B, Baumgärtner J, Ogol CKPO, 2004. Diamondback moth, *Plutella xylostella* (L.) (Lepidoptera:Plutellidae) and its parasitoids in Ethiopia. In: Kirk A.A. and Bordat D. (eds.) Improving biocontrol of *Plutella xylostella*. Proceedings of the international symposium, 21-24 October 2002, Montpellier, France, pp. 140-143.

Ayalew G, 2006. Comparison of yield loss on cabbage from Diamondback moth, *Plutella xylostella* L. (Lepidoptera: Plutellidae) using two insecticides. Crop Protection 25: 915-919.

Bach CE and Tabashnik BE, 1990. Effects of non-host plant neighbours on population densities and parasitism rates of the diamondback moth (Lepidoptera: Plutellidae). Environmental Entomology 19: 987-994.

Bai B, Luck RF, Forster L, Stephens B and Janssen JM, 1992. The effect of host size on quality attributes of the egg parasitoid, *Trichogramma pretiosum*. Entomol. Exp. Appl. 64 : 37–48.

Balachowsky AS, 1966. Hyponomeutidae - sous-famille des Plutellinae. pp. 218-229 In: Entomologie appliquée à l'agriculture. Masson, Paris.

Baur ME, Kaya HK, Tabashnik BE, 1997. Efficacy of a dehydrated steinernematid nematode against black cutworm (Lepidoptera: Noctuidae) and diamondback moth (Lepidoptera: Plutellidae). J. Econ. Entomol. 90: 1200–1206.

Bhala OP and Dubey JK, 1986. Bionomics of the diamondback moth in the northwestern Himalaya. In: Talekar N. S. Management of Diamondback moth and other crucifer pests : Proceedings of the first International Workshop, Tainan, Taiwan, 11-15 March 1985, Asian Vegetable Research and Development Center. pp. 55-62.

Birot S, 1998. Comparaison biologique et biochimique de trois populations d'origines géographiques différentes *d'Oomyzus sokolowskii* (Kurdjumov) (Hym., Eulophidae) parasitoide de *Plutella xylostella* (L.) (Lep., Yponomeutidae). DEA de parasitologie, ENSAM, Montpellier II, France. 25 p.

Birot S, Arvanitakis L, Kirk A, Bordat D, 1999. Genetical, biological and biochemical characterization of three different geographical populations of *Oomyzus solkolowskii*, a parasitoid of *Plutella xylostella*. In: *Proceedings of the Fifth International Conference on Pests in Agriculture*. Montpellier, France, pp. 633–640.

Blackburn TM, 1991. A comparative examination of life span and fecundity in parasitoid Hymenoptera. Journal of Animal Ecology 60: 151-164.

Bokonon-Ganta AH, Neuenschwander P, van Alphen JJM and Vost M, 1995. Host stage selection and sex allocation by *Anagyrus mangicola* (Hymenoptera: Encyrtidae), a parasitoid of the mango mealy bug, *Rastrococcus invadens* (Homoptera: Pseudococcidae). Biological Control 5: 479–486.

Bordat D, Goudegnon AE, Bouix G, 1994. Relationships between *Apanteles flavipes* (Hym.: Braconidae) and *Nosema bordati* (Microspora, Nosematidae) parasites of *chilo partellus* (Lep. : Pyralidae). Entomophaga 39: 21-32.

Bouchikhi TZ, Bendahou M, Khelil MA. 2010. Lutte contre la bruche *Acanthoscelides obtectus* et la mite *Tineola bisselliella* par les huiles essentielles extraites de deux plantes aromatiques d'Algérie. Lebanese Science Journal 11(1): 55-68.

Bourdouxhe L, 1982. Dynamique des populations des principaux ravageurs des cultures maraichéres au Sénégal. CDH, pp. 54-66.

Bourdouxhe L, 1983. Dynamique des populations de quelques ravageurs importants des cultures maraichères du Sénégal. Agronomie Tropicale 3 : 132-149.

Braun L, Olfert O, Soroka J, Mason P, Dosdall LM, 2004. Diamondback moth biocontrol activities in Canada. In: Kirk AA, Bordat D, Editors. Improving biocontrol of *Plutella xylostella*. Proceedings of the International Symposium, 21-24 October 2002. Montpellier, France. pp 144-146.

Burel F, Baudry J, Delettre T, Petit S, Morvan N, 2000. Relating insect movements to farming systems in dynamics landscapes. In: Ekbom B., Trwin M. E. and Robert Y. (eds), Interchanges of insects between Agricultural and Surrounding Landscapes. Kluwer Academic Publishers, Dordrecht, pp. 5-32.

Camara MN, 1999. Eléments pour une lutte intégrée contre *Plutella xylostella* et *Hellula undalis* sur chou-pommé dans la zone des Niayes (Sénégal). Mémoire de DEA en Sciences de l'environnement, Institut des Sciences de l'Environnement, Dakar, 44p.

Campos WG, Schoereder JH, Desouza OF, 2006. Seasonality in neotropical populations of *Plutella xylostella* (Lepidoptera): resource availability and migration. Population ecology 48:151-158.

Campos WG, Schoereder JH, Picanço MC, 2003. Performance of oligophagous insect in relation to the age of the host plant. Neotropical Entomology 32: 671-676.

Cattaneo MG, Yafuso C, Schmidt C, Huang C, et al., 2006. Farm-scale evaluation of the impacts of transgenic cotton on biodiversity, pesticide use, and yield. PNAS 103(20):7571–7576.

Charleston DS, Kfir R, Dicke M, Vet LEM, 2006. Impact of botanical extracts derived from *Melia azedarach* and *Azadirachta indica* on populations of *Plutella xylostella* and its natural enemies: A field test of laboratory findings. Biological Control 39: 105–114.

Charleston DS and R Kfir, 2000. The possibility of using Indian mustard, *Brassica juncea*, as a trap crop for the diamondback moth, *Plutella xylostella*, in South Africa. Crop Protection 19: 455-460.

Charleston DS, Kfir R, Dicke M, Vet LEM, 2005. Behavioural responses of diamondback moth *Plutella xylostella* (Lepidoptera: Plutellidae) to extracts derived from *Melia azedarach* and *Azadirachta indica*. Bull. Entomol. Res., 95: 457–465.

Charleston DS, Kfir R, Dicke M, Vet LEM, 2006. Impact of botanical extracts derived from *Melia azedarach* and *Azadirachta indica* on populations of *Plutella xylostella* and its natural enemies: A field test of laboratory findings. Biological Control 39: 105–114.

Chelliah S and Sinivassan K, 1986. Bioecology and management of diamondback moth in India. pp. 63-76 dans: Talekar, N. T., Griggs, T. D. (eds.) Diamondback moth management: Proc. of the 1st Int. Workshop. Asian Vegetable Research and Development Center. Shanhua, Taiwan.

Chen JS and Sun CN, 1986. Resistance of diamondback moth (Lep.: Plutellidae) to a combination of fenvalerate and piperonyl butoxide. Journal of Economic Entomology 79: 22-30.

Chen RX, Zhang F, Huangfu WG, Yao HY, Zhou JB and Kuhlmann U, 2008. Reproductive attributes of the eulophid *Oomyzus sokolowskii*, a biological control agent of diamondback moth, *Plutella xylostella* (Lepidoptera: Plutellidae). Biocontrol Science and Technology 18: 753-765.

Cheng EY, 1986. The resistance, cross resistance, and chemical control of diamondback moth in Taiwan. In: Talekar N. S. (Ed.) Diamondback moth Management: Proceedings of the first International Workshop, Tainan, Taiwan, 11-15 March 1985, Asian Vegetable Research and Development Center. p. 329-345.

Cheng EY, Kao CH, Chiu CS, 1986. The resistance, cross resistance and chemical control of Diamondback moth in Taiwan: recent developments. Proceedings of the First International Workshop, Tainan, Taiwan, 11-15 March. 329-345.

Chilcutt C.F., Tabashnik B.E., 1999. Effects of *Bacillus thuringiensis* on adults of *Cotesia plutellae* (Hymenoptera: Braconidae), a parasitoid of the diamondback moth, *Plutella xylostella* (Lep.: Plutellidae). Biocontrol Science and Technology 9: 435 - 440.

Chilcutt CF and Tabashnik BE, 1997. Host-mediated competition between the pathogen *Bacillus thuringiensis* and the parasitoid *Cotesia plutellae* of the diamondback moth (Lep.: Plutellidae). Environmental Entomology 26: 38-45.

Chilcutt CF, Tabashnik BE, 1999. Effects of *Bacillus thuringiensis* on adults of *Cotesia plutellae* (Hymenoptera: Braconidae), a parasitoid of the diamondback moth, *Plutella xylostella* (Lep.: Plutellidae). Biocontrol Science and Technology 9: 435-440.

ChohY, Uefune M, Takabayashi J, 2008. Diamondback moth females oviposit more on plants infested by non parasitised than by parasitised conspecifics. Ecological Entomology 33: 565–568.

Chown SL, Jumbam KR, Sorensen JG and Terblanche JS, 2009. Phenotypic variance, plasticity and heritability estimates of critical thermal limits depend on methodological context. Funct. Ecol., 23: 133-140.

Chu YI, 1986. The migration of diamondback moth. In: Talekar N. S. (Ed.), Diamondback moth Management: Proceedings of the first International Workshop, Tainan, Taiwan, 11-15 March 1985, Asian Vegetable Research and Development Center. pp. 77-81.

Chua TH and Lim BH, 1979. Distribution pattern of diamondback moth, *Plutella xylostella* (L.) (Lep. Plutellidae) on choy-sum plants. Zeitschrift fur Angewandte Entomologie 88: 170-175.

Chua TH and Ooi PAC, 1986. Evaluation of three parasites in the biological control of Diamondback moth in the Cameron Highlands. In: Talekar N. S. Management of Diamondback moth and other crucifer pests : Proceedings of the first International Workshop, Tainan, Taiwan, 11-15 March 1985, Asian Vegetable Research and Development Center. pp. 173-184.

Clark CW and Mangel M, 2000. Dynamic state variable models in ecology: methods and applications. Oxford University Press, New York.

Cohen AC, 1982. Water and temperature relations of two Hemipteran members of a predator-prey complex. Environmental Entomology 11 (3): 715-719.

Collingwood EF, Bourdouxhe L, Defrancq M, 1981. Les principaux ennemis des cultures maraîchères au Sénégal, Bruxelles.

Da Rocha L, Kolberg R, Mendonça MJR and Redaelli LR, 2007. Body size variation in *Gryon gallardoi* related to age and size of the host. BioControl 52: 161–173.

DeBach P and Rosen D, 1991. Biological control by natural enemies. Cambridge University Press, Cambridge. 440 p.

Delobel A, 1978. La protection des cultures de crucifères contre la teigne du chou en Nouvelle-Calédonie (*Plutella xylostella* (L.) Lepidoptera : Hyponomeutidae). Cahiers ORSTOM, sér. Biol., vol. XIII, numéro1: 35-40.

Delucchi V, Tadic M, Bogavic M, 1954. Mass rearing of *Apanteles plutellae* Kurdj. (Hym., Ichneumonidae), endophagous parasites of *Plutella maculipennis* Curt. and biological observations on these parasites. Zastita Bilja 21: 26-41.

Dilawari VK, Singh K, Dhaliwal GS, 1994. Effects of *Melia azedarach* L. on oviposition and feeding of *Plutella xylostella* L. Insect Science and its Application 15: 203-205.

Dobson H, Cooper J, Manyangarirwa W, Karuma J, Chiimba W, 2002. Integrated Vegetable Pest Management: safe and sustainable protection of small scale brassicas and tomatoes. Natural Resources Institute (NRI), Kent, UK, ISBN 0-85954-536-9, 179 pp.

Dommee F, 1999. Comparaison biologique et biochimique de trois populations d'origines géographiques différentes de *Plutella xylostella* (Linné, 1758) ou Teigne des Brassicacées. Maîtrise de Biologie des Populations et des Ecosystèmes, Université de Montpellier II, France. 10 p.

Edwards RL, 1954. The effect of diet on egg maturation and resorption in *Mormoniella vitripennis* (Hymenoptera: Pteromalidae). Q J Microsc Sci. 95,459–468.

Eggleton P and Gaston KJ, 1990. Parasitoid species and assemblages: convenient definitions or misleading compromises? Oikos 59: 417-421.

Eigenbrode SD, Shelton AM, 1992. Resistance to diamondback moth in *Brassica*: Mechanisms and potential for resistant cultivars. In: Talekar N. S. (ed.), Diamondback moth and other crucifer pests: Proceedings of the second International Workshop, Tainan, Taiwan, 11-14 December 1990, Asian Vegetable Research and Development Center. 213-224.

Eigenbrode SD and Shelton AM, 1992. Resistance to diamondback moth in Brassica: Mechanisms and potential for resistant cultivars. pp. 213-224 In: Talekar N. S. (ed.), Diamondback moth and other crucifer pests: Proceedings of the second International Workshop, Tainan, Taiwan, 11-14 December 1990, Asian Vegetable Research and Development Center.

Eigenbrode SD, Shelton AM, Dickson MH, 1990. Two types of resistance to the diamondback moth (Lepidoptera: Plutellidae) in cabbage. Environmental Entomology 19: 1086-1090.

Eigenbrode SD and Shelton AM, 1990. Resistance to diamondback moth in Brassica: Mechanisms and potential for resistant cultivars. *In* N. S. Talekar [ed.], Diamondback moth and other crucifer pests. Asian Vegetable Research and Development Center, Tainan, Taiwan.

Eijs EM and Van Alphen JJM, 1999. Life history correlations: why are hymenopteran parasitoids an exception? Ecology Letters 2: 27–35.

Ellers J and Jervis M, 2003. Body size and the timing of egg production in parasitoid wasps. Oikos 102: 164–172.

Elliott NC, Kieckhefer RW, Michels GJ, Giles KL, 2002. Predator abundance in alfalfa fields in relation to Aphids, within-field vegetation, and landscape matrix. Environmental Entomology 31 (2): 253-260.

FAOSTAT, 2013. Food and Agriculture Organisation, United Nations. URL [http://faostat.fao.org.].

FAOSTAT, 2012. Production statistics. Rome: FAO. http://faostat.fao.org/

FAOSTAT, 2003. Food and Agriculture Organisation, United Nations. URL [http://faostat.fao.org.].

FAO, 1988. Production de légumes dans les conditions arides et semi-arides d'Afrique tropicale, Rome, Italie, 293p.

FAO, 1967. http://apps.fao.org

Fauziah HI, Dzolkhifli O, Wright DJ, 1992. Resistance to acylurea compounds in diamondback moth. In: Talekar N. S. (Ed.) Diamondback moth Management: Proceedings of the first International Workshop, Tainan, Taiwan, 10-14 December 1990, Asian Vegetable Research and Development Center. pp. 391-401.

Feeny P, 1977. Defensive ecology of the Cruciferae. Ann. Mo. Bot. Gard. 64: 221-234.

Ferreira SWJ, Barros R and Torres JB, 2003. Exigências térmicas e estimativa do nùmero de geraçoes de *Oomyzus sokolowskii* (Kurdjumov) (Hymenoptera: Eulophidae), para regioes produtoras de cruciferas em Pernambuco. Neotrop. Entomol. 32: 407–411.

Ferreira SWJ, Barros R and Torres JB, 2003. Exigências térmicas e estimativa do nùmero de geraçoes de *Oomyzus sokolowskii* (Kurdjumov) (Hymenoptera: Eulophidae), para regioes produtoras de cruciferas em Pernambuco. Neotropical Entomology 32: 407–411.

Fidgen JG, Eveleigh ES and Quiring DT, 2000. Influence of host size on oviposition behaviour and fitness of *Elachertus cacoeciae* attacking a low-density population of spruce budworm *Choristoneura fumiferana* larvae. Ecol. Entomol. 25: 156–164.

Fitton M and Walker A, 1992. Hymenopterous parasitoids associated with diamondback moth: the taxonomic dilemma. In: Talekar, N.S. (Ed.). *Diamondback Moth and other Crucifer Pests: Proceedings of the Second International Workshop*. Asian Vegetable Research Development Centre, Tainan, Taiwan, pp. 225–232.

Flanders SE, 1950. Regulation of ovulation and egg disposal in the parasitic Hymenoptera. Canadian Entomologist 82: 134– 140.

Flexner JL, Lighthart B, Croft BA, 1986. The effects of microbial pesticides on non-target, beneficial arthropods. Agricultural Ecosystem Environment 16: 203-254.

Fouilhe C, 1996. Action de *Cotesia plutellae* (Kurdjumov) Hymenoptera : Braconidae, sur les stades larvaires de *Plutella xylostella* (L.) Lepidoptera : Yponomeutidae, comparaison de deux souches de *C. plutellae*. Mémoire de Maîtrise de Biologie des Populations et des Ecosystèmes. Université de Montpellier II Sciences et Techniques du Languedoc. 16p.

Furlong MJ and Pell JK, 1996. Interactions between the fungal entomopathogen *Zoopthora radicans* Brefeld (Entomopthorales) and two hymenopteran parasitoids attacking the diamondback moth, *Plutella xylostella* (L.). Journal of Invertebrate Pathology 68:15-21.

Furlong MJ, Wright DJ, Dosdall LM, 2013. Diamondback Moth Ecology and Management: Problems, Progress and Prospects. Annu. Rev. Entomol. 58: 517–541.

Garnier Y, 1996. Etude de deux populations d'*Oomyzus sokolowskii* (Kurdjumov) sur les différents stades larvaires de *Plutella xylostella* (Linné). Mémoire de Maîtrise de Biologie des Populations et des Ecosystèmes. Université de Montpellier II Sciences et Techniques du Languedoc. 19p.

Gill SS, Cowles EA, Pietrantonio PV, 1992. The mode of action of *Bacillus thuringiensis* endotoxins. Annual Review of Entomology 37: 615-636.

Giron D and Casas J, 2003. Mothers reduce egg provisioning with age. Ecology Letters 6: 273–277.

Godfray HCJ, 1994. Parasitoids: Behavioral and Evolutionary Ecology. Princeton University Press, Princeton, New Jersey, 473p.

Gong YJ, Wang CL, Yang YH, Wu SW and Wu YD, 2010. Characterization of resistance to *Bacillus thuringiensis* toxin Cry1Ac in *Plutella xylostella* from China. J. Invert. Pathol. 104: 90-96.

González-Cabrera J, Mollá O, Montón H, Urbaneja A, 2010. Efficacy of *Bacillus thuringiensis* (Berliner) in controlling the tomato borer, *Tuta absoluta* (Meyrick) (Lepidoptera: Gelechiidae). Biocontrol 56: 71-81.

Goodwin S, 1979. Changes in the numbers in the parasitoid complex associated with the diamondback moth, *Plutella xylostella* (L.) (Lepidoptera) in Victoria. Australian Journal of Zoology 27: 981-989.

Goudegnon AE, Kirk AA, Arvanitakis L, Bordat D, 2004. Status of the diamondback moth and *Cotesia plutellae*, its main parasitoid, in the Cotonou and Porto Novo periurban areas of Benin. In: Kirk A.A. and Bordat D. (eds.) Improving biocontrol of *Plutella xylostella*. Proceedings of the international symposium, 21-24 October 2002, Montpellier, France, pp. 172-178.

Goudegnon AE, Kirk AA, Schiffers B, Bordat D, 2000. Comparative effects of deltamethrin and neem kernel solution treatments on diamondback moth and *Cotesia plutellae* (Hym., Braconidae) parasitoid populations in the Cotonou peri-urban area in Benin. Journal of Applied Entomology 124: 141-144.

Graf P, Sow MM, Sy A, 2000. La lutte intégrée contre les ennemis des cultures. Guide pratique de défense des cultures pour la Mauritanie. 229 p.

Grandgirard J, 2003. Localisation et exploitation des patches d'hôtes chez le parasitoïde *Trybliographa rapae* W. (Hymenoptera: Figitidae) : Approche théorique et application à la lutte biologique contre le mouche du chou *Delia radicum* L. (Diptera: Anthomyidae). Thèse de doctorat de l'Université de Rennes 1. 203p.

Greaves T, 1945. Experiments on the control of cabbage pests in North Queensland. Journal of the Council of scientific and industrial Resarch of Australia 18: 110-120.

Gruarin S, 1998. Influence d'une microsporidie sur la biologie d'*Oomyzus sokolowskii* (Kurdjumov) (Hymenoptera: Eulophidae), parasitoide de *Plutella xylostella* (Lepidoptera: Yponomeutidae). Mémoire d'Ingénieur Technique Agricole. Ecole Nationale d'Ingénieurs des Travaux Agricoles, Bordeaux. 44p.

Grzywacz D, Rossbach A, Rauf A, Russell DA, Srinivasan R and Shelton AM, 2010. Current control methods for diamondback moth and other brassica insect pests and the prospects for improved management with lepidopteran-resistant *Bt* vegetable brassicas in Asia and Africa. Crop Protection 29: 68–79.

Gu H, Wang Q and Dorn S, 2003. Superparasitism in *Cotesia glomerata*: response of host and consequences for parasitoids. Ecol. Entomolo. 28 : 422–431.

Guignard JL, 1998. Brasssicaceae ou Crucifères. In : abrégés de Botanique Edition masson, 11e édition. pp : 133-139.

Guilloux T, 2000. Etude de la variabilité biologique, biochimique et génétique de populations d'origines géographiques différentes de *Cotesia plutellae* (Kurdjumov) (Hymenoptera : Braconidae), parasitoide de la teigne des Brassicacées *Plutella xylostella* (L.) (Lepidoptera : Yponomeutidae). Thèse de Doctorat d'université, Université Paul Valery, Montpellier III. 215p.

Guo S and Qin Y, 2010. Effects of temperature and humidity on emergence dynamics of *Plutella xylostella* (Lepidoptera ; Plutellidae). Journal of Economic Entomology 103 (6): 2028-2033.

Gupta PD and Thorsteinson AJ, 1960. Food plant relationship of diamondback moth (Plutella maculipennis Curt.) II. Sensory relationship ofd ovoposition of the adult female. Entomol. Exp. Appl. 3: 305-314.

Hama H, Suzuki K, Tanaka H, 1992. Inheritance and stability of resistance to *Bacillus thuringiensis* formulations of the diamondback moth, *Plutella xylostella* (L.) (Lep.: Yponomeutidae). Applied Entomology and Zoology 27: 355-3622.

Hance T, van Baaren J, Vernon P, Boivin G, 2007. Impact of extreme temperatures on parasitoids in a climate change perspective. Annual Review of Entomology 52: 107-126.

Harcourt DG and Cass LM, 1955. Studies on control of caterpillars on cabbage in the Ottawa Valley, 1953-1954. Canadian Journal of Agricultural Science 35: 568-572.

Harcourt DG and Cass LM, 1966. Photoperiodism and fecundity in *Plutella maculipennis* (Curt.). Nature 210: 217-218.

Harcourt DG, 1957. Biology of the diamondback moth, *Plutella maculipennis* (Curt.) (Lep.: Plutellidae), in Eastern Ontario. II. Life-history, behaviour, and host relationships. The Canadian Entomologist 89: 554-564.

Harcourt DG, 1986. Population dynamics of the diamondback moth in Southern Ontario. In: Talekar N. S. (Ed.) Diamondback moth Management: Proceedings of the first International Workshop, Tainan, Taiwan, 11-15 March 1985, Asian Vegetable Research and Development Center. pp. 3-15.

Hardy JH, 1938. *Plutella maculipennis*, Curt., its natural and biological control in England. Bulletin of Entomological Research 29: 343-372.

Harvey JA, Bezemer TM, Elzinga JA and Strand MR, 2004. Development of the solitary endoparasitoid *Microplitis demolitor*: host quality does not increase with host age and size. Ecol. Entomol. 29, 35–43.

Harvey JA. and Strand MR, 2003. Sexual size and development time dimorphism in a parasitoid wasp: an exception to the rule? Eur. J. Entomol. 100: 485–492.

Harvey JA, Bezemer TM, Elzinga JA and Strand MR, 2004. Development of the solitary endoparasitoid *Microplitis demolitor*: host quality does not increase with host age and size. Ecological Entomology 29: 35–43.

Harvey JA, Jervis MA, Gols GJZ, Jiang N and Vet LEM, 1999. Development of the parasitoid, *Cotesia rubecula* (Hymenoptera: Braconidae) in *Pieris rapae* and *P. brassicae* (Lepidoptera: Pyralidae): evidence for host regulation. J. Ins. Physiol. 45: 173–182.

Haseeb M, Liu TX, Jones WA, 2004. Effects of selected insecticides on *Cotesia plutellae* (Hymenoptera: Braconidae), an endo-larval parasitoid of *Plutella xylostella* (Lepidoptera: Plutellidae). BioControl 49: 33–46.

Hawkins BA and Cornell HV, 1999. Theoretical Approaches to Biological Control. Cambridge University Press, Cambridge, 424 p.

Hermawan W, Tsukuda R, Nakajima S, Fujisaki K, Nakasuji F, 1998. Oviposition deterrent activity of andrographolide against the diamondback moth (DBM), *Plutella xylostella* (Lepidoptera: Yponomeutidae). Applied Entomology and Zoology 33: 239-241.

Hill TA, Foster RE, 2000. Effect of insecticides on the diamondback moth (Lepidoptera: Plutellidae) and its parasitoid *Diadegma insulare* (Hymenoptera: Ichneumonidae). Journal of Economic Entomology 93(3): 763-768.

Hill TA and Foster RE, 2003. Influence of selected insecticides on the population dynamics of diamondback moth (Lepidoptera: Plutellidae) and its parasitoid, *Diadegma insulare* (Hymenoptera: Ichneumonidae), in cabbage. J. Entomol. Sci. 38: 59-71.

Hirashima Y, Miura K, Miura T and Matsuda S, 1990. Studies on the biological control of the diamondback moth, *Plutella xylostella* (Linnaeus) 5. Functional responses of the egg parasitoids, *Trichogramma chilonis* and *Trichogramma ostriniae*, to host densities. Sci. Bull. Fac. Agr., Kyushu Univ. Japan, 89–93.

Hirashima Y, Nohara K, Miura T, 1990. Studies on the biological control of the diamondback moth, *Plutella xylostella* (Linnaeus) 1. Insect natural enemies and their utilization. Scientific Bulletin of the Faculty of Agronomy, Kyushu University 44: 65-70.

Ho SH, Lee BH, See D, 1983. Toxicity of deltamethrin and cypermethrin to the larvae of the diamondback moth *Plutella xylostella* (L.). Toxicology Letters, 127-131.

Honda KI, 1992. Hibernation and migration of diamondback moth in Northern Japan. In: Talekar N. S. (Ed.) Diamondback moth and other crucifer pests: Proceedings of the second International Workshop, Tainan, Taiwan, 10-14 December 1990, Asian Vegetable Research and Development Center. pp. 43-50.

Honda KI, Miyahara Y, Kegasawa K, 1992. Seasonal abundance and the possibility of spring immigration of the diamondback moth, *Plutella xylostella* (L.) (Lep.: Plutellidae), in Morioka City, Northern Japan. Applied Entomology and Zoology 27: 517-524.

Hooks C. R. R., Johnson M. W., 2003. Impact of agricultural diversification on the insect community of cruciferous crops. Crop Protection 22, 223-238.

Hopkins RJ, Ekbom B, Henkow L, 1998. Glucosinolate content and susceptibility for insect attack of three populations of *Sinapis alba*. J. Chem. Ecol. 24: 1203-1216.

Horowitz AR, Ishaaya I, 1996. Chemical control of *Bemisia*, management and application. *Bemisia: 1995* Taxonomy, Biology, Damage, Control and Management (eds. D. Gerling and R.T. Mayer). Intercept, Andover, UK. 537–556.

Houston AI and McNamara JM, 1999. Models of adaptive behaviour an approach based on state. Cambridge University Press, Cambridge.

Huang CJ, Wang TK, Chung SC, Chen CY, 2005. Identification of antifungal chitinase from a potential biocontrol agent, *Bacillus cereus* 28-9. Journal of Biochemistry and Molecular Biology 38:82-88.

Huang Z, Ali S, Ren SX, Wu JH, 2010. Effect of *Isaria fumosoroseus* on mortality and fecundity of *Bemisia tabaci* and *Plutella xylostella*. Insect Science and its Application 17: 140-148.

Huckett HC, 1934. Field tests on Long Island of derris as an insecticide for the control of cabbage worms. Journal of Economic Entomology 27: 440-445.

Ibrahim MA, 2004. *Podisus maculiventris* (Hemiptera, pentatomidae), a potential biocontrol agent of Plutella xylostella is not repelled with limonene treatments on cabbage. In: Kirk A. A. and Bordat D. (Eds) Improving biocontrol of *Plutella xylostella*. Proceedings of the

International Symposium, Montpellier, France, 21-24 October 2002. Montpellier, France, CIRAD, pp. 200-203.

Islam KS and Copland MJW, 1997. Host preference and progeny sex ratio in a solitary koinobiont mealybug endoparasitoid, *Anagyrus pseudococci* (Girault), in response to its host stage. Bio. Sci. Technol. 7 : 449–456.

Jeamblu N, 1995. Etude de la biologie d'*Apanteles* sp. Hyménoptera ; Braconidae, parasitoïde de *Plutella xylostella* (L.) Lépidoptera ; Yponomeutidae, important ravageur des cultures de crucifères au Brésil. Maîtrise de Biologie des Organismes et des Populations, UM II Sciences et Techniques du Languedoc.17p.

Jervis MA, Ellers J, Harvey JA, 2008. Resource acquisition, allocation, and utilization in parasitoid reproductive strategies. Annual Review of Entomology 53: 361-385.

Jervis MA, Heimpel GE, Ferns PN, Harvey JA, Kidd NAC, 2001. Life-history strategies in parasitoid wasps: a comparative analysis of "ovigeny". Journal of Animal Ecology 70: 442-458.

Jervis MA and Copland MJW, 1996. *The life cycle*. In: Jervis, M.A. and Kidd, N.A.C. (Eds.) Insect Natural Enemies: Practical Approaches to their Study and Evaluation, Chapman and Hall, London, pp. 63–190.

Jervis MA, Ferns PN, Heimpel GE, 2003. Body size and the timing of egg production in parasitoid wasps: a comparative analysis. Functional Ecology 17: 375-383.

Jervis MA, Heimpel GE, Ferns PN, Harvey JA, Kidd NAC, 2001. Life-history strategies in parasitoid wasps: a comparative analysis of 'ovigeny'. Journal of Animal Ecology 70: 442–458.

Justus KA, Dosdall LM, Mitchell BK, 2000. Oviposition by *Plutella xylostella* (Lepidoptera ; Plutellidae) and effect of phylloplane waxiness. Journal of Economic Entomology 93:1152-1159.

Kawazu K, Shimoda T, Kobori Y, Kugimiya S, Mukawa S, Suzuki Y, 2010. Inhibitory effects of permethrin on flight responses, host-searching, and foraging behaviour of *Cotesia vestalis* (Hymenoptera: Braconidae), a larval parasitoid of *Plutella xylostella* (Lepidoptera: Plutellidae). J. Appl. Entomol. 134: 313–322.

Keasar T, Segoli M, Bakar R, Steinberg S and Giron D, 2006. Costs and consequences of superparasitism in the polyembryonic parasitoid *Copidosoma koehleri* (Hymenoptera: Encyrtidae). Ecol. Entomol. 31: 277–283.

Ketoh GK, Glitho IA, Koumaglo HK, 2004. Activité insecticide comparée des huiles essentielles de trois espèces du genre *Cymbopogon genus* (Poaceae). J. Soc. Ouest- Afr. Chim. 18: 21-34.

Kfir R, 1997. Parasitoids of *Plutella xylostella* (Lepidoptera: Plutellidae) in South Africa: an annotated list. Entomophaga 42:517-523.

Kfir R, 1998. Origin of diamondback moth (Lep. : Plutellidae). Annals of the Entomological Society of America 91: 164-167.

Kfir R, 1997. The diamondback moth with special reference to its parasitoids in South Africa. In: Sivapragasam A., Loke W. H., Hussan A. K. and Lim G. S. (eds.) The management of diamondback moth and other crucifer pests: Proceedings of the Third International Workshop, October 1996, Kuala Lumpur, Malaysia, Malaysian Agricultural Research Institute, pp. 54-60.

Kfir R, 2003. Biological control of diamondback moth *Plutella xylostella* in Africa. In: Neuenschwander P., Borgemeister C., Langewald J. (eds.) Biological Control in IPM Systems in Africa. CABI Publishing, Wallingford, Oxon, pp. 363-375.

Kibata GN, 1996. Diamondback moth *Plutella xylostella* L. (Lepidoptera: Yponomeutidae), a problem pest of brassicae crops in Kenya. In: Farrell, G., Kibata, G.N. (Eds.), Proceedings of First Biennial Crop Protection Conference, 27–28 March 1996, Nairobi, Kenya: 1–11.

Kim MH and Lee SC, 1991. Bionomics of diamondback moth, *Plutella xylostella* (Lep. Plutellidae) in southern region of Korea. Korean Journal of Applied Entomology 30: 169-173.

Koshihara T, 1986. Diamondback moth and its control in Japan, Diamondback moth Management: Proceedings of the first International Workshop, 43-53, Shanhua, Taiwan: Asian Vegetable Research and Development Center.

Krishnamoorthy A, 2004. Biological control of diamondback moth, Indian Scenario with reference to past and future strategies. In : Kirk, A.A., Bordat D. (Eds.), Proceedings of the International Symposium, 21–24 october 2002,Montpellier, France, CIRAD, pp. 204-211.

La Barbera M, 1989. Analyzing body size as a factor in ecology and evolution. Ann. Rev. Ecol. Syst. 20: 97–117.

Landis D.A., Wratten S.D., Gurr G.M., 2000. Habitat management to conserve natural enemies of arthropod pests in agriculture. Annual Review of Entomology 45: 175-201.

LaSalle J, 1993. Hymenoptera and biodiversity In Lasalle J and Gauld ID (éd) Hymenoptera and biodiversity. pp. 197-215, CAB International, Wallingford.

Le Lann C, Wardziak T, van Baaren J, van Alphen JJM, 2011. Thermal plasticity of metabolic rates linked to life-history traits and foraging behaviour in a parasitic wasp. Functional Ecology 25: 641- 651.

Leal WS, Higuchi H, Mizutani N, Nakamori H, Kadosawa T, Ono M, 1995. Multifunctional communication in *Riptortus clavatus* (Hetoroptera: Alydidae): conspecific nymphs and egg parasitoid *Ooencyrtus nezarae* use the same adult attract pheromone as chemical use. J. Chem. Ecol. 21: 973–985.

Lello ER, Patel MN, Matthews GA, Wright DJ, 1996. Application technology for entomopathogenic nematodes against foliar pests. Crop Protection 15: 567-574.

Lereclus D, Delecluse A, Lecadet MM. 1993. Diversity of *Bacillus thuringiensis* Toxins and Genes. In *Bacillus thuringiensis, an Environmental Biopesticide: Theory and Practice*, Entwistle PF, Cory JS, Bailey MJ, Higgs S (eds). Colorado State University, USA; 36-69.

Li SY, Sirois G, Lee DL, Maurice C and Henderson DE, 1993. Effects of female mating status and age on fecundity, longevity and sex ratio in *Trichogramma minutum* (Hymenoptera: Trichogrammatidae). J. Entomol. Soc. Br. Col. 90: 61–66.

Liang GM, Chen W, Liu TX, 2003. Effects of three neem-based insecticides on diamondback moth (Lepidoptera: Plutellidae). Crop Protection 22, 333–340.

Lim GS, 1986. Biological control of diamondback moth. In: Talekar N. S. (Ed.) Diamondback moth Management: Proceedings of the first International Workshop, Tainan, Taiwan, 11-15 March 1985, Asian Vegetable Research and Development Center. pp.159-171.

Lim GS, 1992. Integrated pest management of diamondback moth: Practical realities. In: Talekar NS (Ed.). Management of Diamondback moth and other crucifer pests. Proceedings of the Second International Workshop, 10-14 December 1990. Tainan, Taiwan: Asian Vegetable Research and Development Center. pp 565-576.

Ling B, Wang G, Ya J, Zhang M, Liang G, 2008. Antifeedant activity and active ingredients against *Plutella xylostella* from *Momordica charantia* leaves. Agric. Sci. China 7: 466–1473.

Lingathurai S, Vendan SE, Paulraj MG, Ignacimuthu S, 2011. Antifeedant and larvicidal activities of *Acalypha fruticosa* Forssk. (Euphorbiaceae) against *Plutella xylostella* L. (Lepidoptera: Yponomeutidae) larvae. Journal of King Saud University (Science) 23: 11–16.

Liu S and Jiang L, 2003. Differential parasitism of *Plutella xylostella* (Lepidoptera:Plutellidae) larvae by the parasitoid *Cotesia plutellae* (Hymenoptera:Braconidae) on two host plant species. Bulletin of Entomological Research 93:65-72.

Liu SS Wang XG, Guo SJ, He JH and Song HM, 1997. A survey of insect parasitoids of *Plutella xylostella* and the seasonal abundance of the major parasitoids in Hangzhou, China. pp. 61-66. In: The management of Diamondback moth and other crucifer pests. Malaysian Agricultural Research and Development Institute, Malaysia.

Liu SS, Wang XG, Guo SJ, He JH and Shi ZH, 2000. Seasonal abundance of the parasitoid complex with the diamondback moth, *Plutella xylostella* (Lepidoptera: Plutellidae) in Hangzhou, Chin. Bull. Entomol. Res. 90, 221–231.

Liu YB, Tabashnik BE, Masson L, Escriche B, Ferre J, 2000. Binding and toxicity of *Bacillus thuringiensis* protein Cry 1C to susceptible and resistant diamondback moth (Lepidoptera: Plutellidae). Journal of Economic Entomology 93(1): 1-6.

Lloyd DC, 1940. Host selection by hymenopterous parasites of the moth *Plutella maculipennis* Curtis. Proceedings of the Royal Society of London, Series B. Biological Sciences 128:451-484.

Lohr B and Kfir R, 2004. Diamondback moth *Plutella xylostella* in Africa: a review with emphasis on biological control. In: Bordat, D., Kirk, A.A. (Eds.), Improving Biocontrol of *Plutella xylostella*. CIRAD, pp. 71–84. Proceedings of the International Symposium in Montpellier, France, 21–24 Oct 2002.

Lu FM and Lee HS, 1984. Observations of the life history of diamondback moth *Plutella xylostella* (L.) in whole year. Journal of Agricultural Research of China 33: 424-430.

Lui MY, Tzeng YJ, Sun CN, 1981. Diamondback moth resistance to several synthetic pyrethroids. Journal of Economic Entomology 74: 393-396.

Lui MY, Tzeng YJ, Sun CN, 1982. Insecticide resistance in the diamondback moth. Journal of Economic Entomology 75: 153-155.

Lui YB and Tabashnik BE, 1997. Visual determination of sex of diamond back moth larvae. The Canadian Entomologist 129: 585-586.

Macharia I, Löhr B, De Groote H. 2005. Assessing the potential impact of biological control of *Plutella xylostella* (diamondback moth) in cabbage production in Kenya. Crop Protection 24: 981–989.

Mackauer M and Sequeira R, 1993. *Patterns of development in insect parasites*. In: Beckage, N.E., Thompson, S.N. and Federicci, B.A. (Eds.) Parasites and Pathogens of Insects, Academic Press Inc, San Diego, USA, vol. 1, pp 1–23.

Mackauer M and Völkl W, 1993. Regulation of aphid population densities by aphidiid wasps: does parasitoid foraging behaviour or hyperparasitism limit impact? Oecologia 94: 339-350.

Magallona ED, 1986. Development in diamondback moth Management in the Philippines. In: Talekar N. S. (Ed.) Diamondback moth Management: Proceedings of the first International Workshop, Tainan, Taiwan, 11-15 March 1985, Asian Vegetable Research and Development Center. pp.423-435.

Martinez-Castillo M, Leyva JL, Cibrian-Tovar J and Bujanos-Muñoz R, 2002. Parasitoid diversity and impact on populations of the diamondback moth, *Plutella xylostella* (L.) on *Brassica* crops in central Mexico. BioControl 47: 23–31.

Matthew BT and Blanford S, 2003. Thermal biology in insect-parasite interactions. TRENDS in Ecology and Evolution 18 (7): 344-350

154

Mattiacci L, Hatter E, Schoch D, Scascighini N, Dorn S, 2000. Plant-odour mediates parasitoid host handling and oviposition in an endophytic tritrophic system. Chemoecology 10: 185-192.

Mau RFL and Gusukuma-Minuto L, 2004. Diamondback moth, *Plutella xylostella* (L.), resistance management in Hawaii. In *The Management of Diamondback Moth and Other Crucifer Pests*, Endersby N, Ridland PM (eds). Proceedings of the Fourth International Workshop on Diamondback Moth, 26–29 November 2001, Melbourne, Australia, 307–312

Mayhew PJ and Blackburn TM, 1999. Does parasitoid development mode organize life history traits in the parasitoid Hymenoptera? Journal of Animal Ecology 68: 906-916.

Mayhew PJ and Glaizot O, 2001. Integrating theory of clutch size and body size evolution for parasitoids. Oikos 92: 372–376.

McCutcheon GS, 1987. Potential of the parasitoid *Cotesia marginiventris* as a Biocontrol agent of lepidopterous larvae in soybean. PhD Dissertation. Graduate Faculty of the University of Georgia, Athen, GA. pp. 22-23.

McGaughey WH and Whalon ME, 1992. Managing insect resistance to *Bacillus thuringiensis* toxins. Science 258: 1451-1455.

McGaughey WH, 1985. Insect resistance to the biological insecticide *Bacillus thuringiensis*. Science 229:193–95.

Medeiros RS, Ramalho FS, Lemos WP and Zanuncio JC, 2000. Age-dependent fecundity and life-fertility tables for *Podisus nigrispinus* (Dallas) (Het., Pentatomidae). J. Appl. Ent. 124: 319–324.

Metzger M, Bernstein C, Desouhant E, 2008. Does constrained oviposition influence offspring sex ratio in the solitary parasitoid wasp *Venturia canescens*? Ecological Entomology 33: 167-174.

Meyer SK, Tabashnik BE, Liu YB, Wirth MC, Federicim BA, 2001. Cyt1A from *Bacillus thuringiensis* lacks toxicity to susceptible and resistant larvae of diamondback moth (*Plutella xylostella*) and Pink Bollworm (*Pectinophora gossypiella*). Applied and Environmental Microbilogy 67: 462-463.

Miyata T, Saito T, Noppun V, 1986. Studies on the mechanism of diamondback moth resistance to insecticides. In: Talekar N. S. (Ed.) Diamondback moth Management: Proceedings of the first International Workshop, Tainan, Taiwan, 11-15 March 1985, Asian Vegetable Research and Development Center. pp. 347-357.

Miyata T, Saito T, Noppun V, 1986. Studies on the mechanism of diamondback moth resistance to insecticides. In: N.S.Talekar (ed.) Diamondback moth management. Proceedings of the First International Workshop, Tainan, Taiwan. pp 233-244.

Mo TT, 1959. Results of tests of phosphorus insecticides against chlorinated insecticides resistant *Plutella maculipennis* (Curt.) in Lembang (West Java). Contributions in general and agricultural Research of the State of Bogor 155: 3-11.

Monnerat RG, Bordat D, Branco MC, França FH, 2000. Effects of *Bacillus thuringiensis* Berliner and chemical Insecticides on *Plutella xylostella* (L.) (Lepidoptera: Yponomeutidae) and its parasitoids. An. Soc. Entomol. Brasil 29: 723-730.

Monnerat RG, 1995. Interrelations entre la teigne des Crucifères *Plutella xylostella* (L.), son parasiotoide *Diadegma sp.* (Hym. Ichneumonidae) et la bactérie entomopathogène *Bacillus thuringiensis* Berliner. Thèse d'agronomie. Ecole Nationale Supérieure d'Agronomie, Montpellier 162p.

Monnerat RG, Bordat D, Branco MC, França FH, 2000. Effects of *Bacillus thuringiensis* Berliner and chemical Insecticides on *Plutella xylostella* (L.) (Lepidoptera: Yponomeutidae) and its parasitoids. An. Soc. Entomol. Brasil 29: 723-730.

Morallo-Rejesus B, 1986. Botanical insecticides against the diamondback moth. In: Talekar, N.S. (Ed.), Diamondback Moth Management. Proceedings of the First International Workshop, 11–15 March 1985. Asian Vegetable Research and Development Center, Tainan, Taiwan, pp. 241–255.

Moriuti S, 1986. Taxonomic notes on the diamondback moth. In: Talekar, N.S. (Ed.), Diamondback Moth Management. Proceedings of the First International Workshop, 11–15 March 1985. Asian Vegetable Research and Development Center, Tainan, Taiwan, pp. 83-88.

Mosiane MS, Kfir R, Villet MH, 2003. Seasonal phenology of the diamondback moth, *Plutella xylostella* (L.) (Lepidoptera: Plutellidae), and its parasitoids on canola, *Brassica napus* (L.), Gauteng Province, South Africa. African Entomology 11 (2): 277-285.

Muckenfuss AE, Sheppard BM, Ferrer ER, 1990. Natural mortality of diamondback moth in coastal South Carolina. In: Talekar NS (Ed.). Diamondback moth and other crucifer pests. Proceedings of the Second International Workshop, 10-14 December 1990. Tainan, Taiwan: Asian Vegetable Research and Development Center. pp 27-36.

Muhammad O, Tsukuda R, Oki Y, Fujisaki K, Nakasuji F, 1994. Influences of wild crucifers on life history traits and flight ability of the diamondback moth, *Plutella xylostella* (Lep.: Yponomeutidae). Researches in Population ecology 36: 53-62.

Nakahara LM, McHugh JJ, Otsuka CK, Funasaki GY, Lai PV, 1986. Integrated control of diamondback moth and other insect pests using an overhead sprinkler system, an insecticide, and biological control agents, on a watercress farm in Hawaii. In: Talekar, N.S. (Ed.), Diamondback Moth Management. Proceedings of the First International Workshop, 11–15

March 1985. Asian Vegetable Research and Development Center, Tainan, Taiwan, pp. 403-413.

Nakamura A and Noda T, 2001. Host-age effects on oviposition behavior and development of *Oomyzus sokolowskii* (Hymenoptera: Eulophidae), a larval-pupal parasitoid of *Plutella xylostella* (Lepidoptera: Yponomeutidae). Appl. Entomol. Zool. 36, 367–372.

Nakamura A and Noda T, 2002. Effects of host age and size on clutch size and sex ratio of *Oomyzus sokolowskii* (Hymenoptera: Eulophidae), a larval-pupal parasitoid of *Plutella xylostella* (Lepidoptera: Yponomeutidae). Appl. Entomo. Zool 37, 319–322.

Ndiaye C, 1995. Contribution à la connaissance de l'entomofaune locale sur cultures maraîchères: le cas de *Plutella xylostella* (L.) sur le chou pommé dans les Niayes. Mémoire de DEA en Sciences de l'Environnement. Institut des Sciences de l'Environnement. 59p.

Ng BB, Ong KH, Ho SH, 2002. Review of an integrated pest management programme for the control of   diamondback moth in leafy vegetables: the success story of Singapore. *In*: Improving Biocontrol of *Plutella xylostella*. Proceedings of the international symposium, Kirk A. A. and Bordat D. (Eds.), Montpellier, France, 2002, pp. 194-199.

Ngouembe N, 1990. Inventaire et importance économique de l'entomofaune du périmètre maraîcher de Brazzaville au Congo. Etude bioécologique du complexe *Crocidolomia binotalis* (Zeller, 1852) (Lep. Pyralidae), *Plutella xylostella* (Linné, 1758) (Lep. Yponomeutidae) sur chou (*Brassica oleracea* L.). Thèse (Dr Ingénieur). Montpellier (FRA) : ENSAM. 140p.

Noda T, Miyai S, Takashino K, Nakamura A, 2000. Density suppression of *Plutella xylostella* (Lepidoptera: Yponomeutidae) by multiple releases of *Diadegma semiclausum* (Hymenoptera: Ichneumonidae) in cabbage fields in Iwate, northern Japan. Appl. Entomol. Zool. 35: 557–563.

Nofemela RS, Kfir R, 2005. The role of parasitoids in suppressing diamondback moth, *Plutella xylostella* L. (Lepidoptera: Plutellidae), populations on unsprayed cabbage in the North West Province of South Africa. African Entomology 13 (1): 71-83.

Noyes JS, 1994. The reliability of published host-parasitoid records: a taxonomist's view. Norwegian Journal of Agricultural Sciences 16:59-69.

Ohara Y, Takafuji A, Takabayshi J, 2003, Response of host infested plants in females of *Diadegma semiclausum* Hellen (Hymenoptera: Ichneumonidae). Appl. Entomol. Zool. 38: 157–162.

Ooi PAC and Kelderman W, 1979. The biology of three common pests of cabbage in Cameron Higlands, Malaysia. Malaysian Agricultural Journal, 85-101.

Ooi PAC, 1986. Diamondback moth in Malaysia. In: Talekar N. S. (Ed.) Diamondback moth Management: Proceedings of the first International Workshop, Tainan, Taiwan, 11-15 March 1985, Asian Vegetable Research and Development Center. pp. 35-41.

Ooi PAC, 1988. Laboratory studies of *Tetrastichus sokolowskii*. Entomophaga 33: 145-152.

Ooi PAC, 1997. Bringing science to farmers: experiences in integrated diamondback moth management. In: Sivapragasam A., Loke W. H., Hussan A. K., Lim G. S. (eds), The Management of diamondback moth and other crucifer pests: Proceedings of the third international Workshop, Kuala Lumpur, Malaysia, 29 October-1 November 1996, Malaysian Agricultural research and Development Institute (MARDI) and Malaysian Plant Protection Society. pp. 25-33.

Ovalle O and Cave R, 1989. Dterminacion de resistencia de *Plutella xylostella* L. (Lep. : Plutellidae) a insecticidas comunes en Honduras. Ceiba 30: 119-127.

Patil RS and Goud KB, 2003. Efficacy of methanolic plant extracts as ovipositional repellents against diamondback moth *Plutella xylostella* (L.). Journal of Entomological Research 27: 13–18.

Patil SP and Pokharkar RN, 1971. Diamondback moth, a serious pest of crucifers. Research Journal Mahatma Phule Agriculture University, 134-139.

Pereira B. S., 1963. Etude pédologique des « Niayes » méridionales (entre Cayar et Mboro), rapport général CRP, Hann, Dakar, Sénégal, MERC, 9 pp.

Perera DR, Armstrong G, Senanayake N. 2000. Effect of antifeedants on the diamondback moth (*Plutella xylostella*) and its parasitoid *Cotesia plutellae*. Pest Manage. Sci. 56: 486–490.

Persad AB and Hoy MA, 2003. Manipulation of female parasitoid age enhances laboratory culture of *Lysiphlebus testaceipes* (Hymenoptera: Aphidiidae) reared on *Toxoptera citricida* (Homoptera: Aphididae). Fla Entomol. 86 : 429-436.

Pichon A, 1999. Caractérisation biologique et génétique de cinq populations d'origines géographiques différentes de *Plutella xylostella* (L.) (Lep. : Yponomeutidae). DEA de Génétique, Adaptations et Productions Végétales. Université de Rennes I, France. 27p.

Pichon A, 2004. Différences morphologiques, biologiques et génétiques entre plusieurs populations d'origines géographiques différentes de *Plutella xylostella* (L.), (Lepidoptera : Plutellidae). Thèse d'Entomologie, Université Paul Sabatier (Toulouse III), France, 182p.

Poelking A, 1990. Diamondback moth in the Philippines and its control with *Diadegma semiclausum*. Proceedings of the second International Workshop, 10-14 December 1990, Tainan, Taiwan. 271-278.

Potting RPJ, Poppy GM, Schuler TH, 1999. The role of volatiles from cruciferous plants and pre-flight experience in the foraging behavior of the specialist parasitoid *Cotesia plutellae*. Entomologia Experimentalis et Applicata 93: 87-95.

Prasad A, Wadhwani Y, Jain M, Vyas L, 2007. Pathological alteration in the protein content of *Helicoverpa armigera* (hubner) induced by *Bacillus thuringiensis*, npv and neem treatments. Journal of Herbal Medicine and Toxicology 1: 51-53.

Quicke DLJ, 1997. Parasitic wasps. Chapman and Hall, London, 470 p.

Rahn R, 1983. Les Lépidoptères déprédateurs des cultures de choux dans l'Ouest de la France. INRA Rennes, 13p.

Raimondo FM, 1997. Les membres italiens du complexe de *Brassica oleracea* : leur distribution et spécificités écologiques. Bocconea 7: 103-106.

Rajapakse RHS, 1992. Effect of host age, parasitoid age, and temperature on interspecific competition between *Chelonus insularis* Cresso, *Cotesia marginiventris* Cresson and *Microplitis manilae* Ashmead. Insect Sci. Appl. 13, 87-94.

Raju S, 1996. An overview of insecticide resistance in *Plutella xylostella* L. in India. http://www.msstate.edu/Entomology/v8n1/art04.html.

Ratnieks FLW and Keller L, 1998. Queen control egg fertilization in the honey bee. Behavioural Ecology and Sociobiology 44: 57-61.

Ratzka A, Vogel H, Kliebenstein DJ, Mitchel-Olds T, Kroymann J, 2002. Disarming the mustard oil bomb. Proceedings of the national academy of Sciences of the United States of America 99: 11223-11228.

Reddy GVP and Urs KDC, 1997. Mass trapping of diamondback moth *Plutella xylostella* in cabbage fields using synthetic sex pheromones. International Pest Control 39: 125-126.

Regnault-Roger C, 2005. Enjeux phytosanitaires pour l'agriculture et l'environnement. Editions: Tec and Doc, p 1010.

Regnault-Roger C, Fabres G, Philogène B. 2005. Enjeux phytosanitaires pour l'agriculture et l'environnement. Editions TEC and DOC, Lavoisier, Paris.

Riddick EW, 2003. Factors affecting progeny production of *Anaphes iole*. Biocontrol 48, 177–189.

Riddick EW, 2005. Egg load of lab-cultured *Anaphes iole* and effects of mate presence and exposure time on load depletion. BioControl 50: 53–67.

Riethmacher GW, Rombasch MC, Kranz J, 1992. Epizootics of *Pandora blunckii* and *Zoophtora radicans* (Entomophtoraceae: Zygomycotina) in diamondback moth populations in Philippines. In: Talekar N. S. (Ed.), Management of Diamondback moth and other crucifer pests: Proceedings of the 2 nd International Workshop, 10-14 December 1990, Tainan, Taiwan, Asian Vegetable Research and Development Center. pp. 193-199.

Rincon CL, 2006. Différenciation populationnelle chez le parasitoïde *Cotesia plutellae* (Kurdjumov) (Hymenoptera: Braconidae) : génétique, comportement et évolution. Thèse de Doctorat de l'Université Montpellier II. 227p.

Robertson PL, 1939. Diamondback moth investigation in New Zeland. Journal of Science and Technology, 20: 330-364.

Roh JY, Choi JY, Li MS, Jin BR, Je YH, 2007. *Bacillus thuringiensis* as a specific, safe, and effective tool for insect pest control. J. Microbiol. Biotechnol. 17, 547–559.

Roitberg BD, Mangel M, Lalonde RG, Roitberg CA, van Alphen JJM, Vet LEM, 1992. Seasonal dynamic shifts in pathc exploitation by parasitic wasps. Behavioral Ecology 3: 156-165.

Roitberg BD, Sircom J, Roitberg CA, van Alphen JJM, Mangel M, 1993. Life expectancy and reproduction. Nature 364 : 108-108.

Roitberg BD, Boivin G. and Vet LEM, 2001. Fitness, parasitoids, and biological control: an opinion. Canadian Entomologist 133: 429–438.

Rosenheim JA, Heimpel GE, Mangel M, 2000. Egg maturation, egg resorption, and the costliness of transient egg limitation in insects. Proc. R. Soc. Lond. B 267: 1565–1573.

Roux O, 2006. Système de reconnaissance hôte-parasitoide et différenciation de populations au sein de l'interaction spécifique *Plutella xylostella* (Lepidoptera, Plutellidae) et *Cotesia plutellae* (Hymenoptera, Braconidae). Thèse d'Entomologie, Université Paul Sabatier (Toulouse III), France, 208p.

Roux O, Gers C, Tene-Ghomsi JN, Arvanitakis L, Bordat D and Legal L, 2007. Chemical characterization of contact semiochemicals for host-recognition and host-acceptance by the specialist parasitoid *Cotesia plutellae* (Kurdjumov). Chemoecol. 17: 13-18.

Rowell B, Bunsong N, Satthaporn K, Phithamma S, Doungsa-Ard C, 2005. Hymenopteran parasitoids of diamondback moth (Lepidoptera: Ypeunomutidae) in Northern Thailand. J. Econ. Entomol. 98: 449–456.

Roy M, Brodeur J, Cloutier C, 2002. Relationship between temperature and development rate of *Stethorus punctillum* (Coleoptera: Coccinellidae) and its prey *Tetranychus mcdonnieli* (Acarina: Tetranychidae). Environmental Entomology 31: 177–187.

Rushtapakornchai W and Vattanatanguen A, 1986. Present status of insecticidal control of diamondback moth in Thailand. In: Talekar N. S. (Ed.) Diamondback moth Management: Proceedings of the first International Workshop, Tainan, Taiwan, 11-15 March 1985, Asian Vegetable Research and Development Center. pp. 307-312.

Salinas PJ, 1986. Studies on diamondback moth in Venezuela with reference to other Latinoamerican countries. In: Talekar N. S. (Ed.) Diamondback moth Management: Proceedings of the first International Workshop, Tainan, Taiwan, 11-15 March 1985, Asian Vegetable Research and Development Center. p. 17-24.

Sall-Sy D, 2005. Systématique et évolution spatio-temporelle des hyménoptères parasitoïdes de *Plutella xylostella* (Lepidoptera, Yponomeutidae) dans les Niayes de Dakar (Sénégal). Thèse de Biologie Animale. UCAD, Sénégal. 110 p.

Sall-Sy D, Diarra K, Toguebaye BS, 2004. Seasonal dynamics of the development of the diamondback moth, *Plutella xylostella*, and its hymenopteran parasitoids on cabbages in Dakar region. In: Kirk A.A. and Bordat D. (eds.) Improving biocontrol of *Plutella xylostella*. Proceedings of the international symposium, 21-24 October 2002, Montpellier, France, pp. 163-166.

Sanchis V, Chaufaux J, Lereclus D, 1995. Utilisation de *Bacillus thuringiensis* en protection des cultures et résistance des insectes. Cahiers Agricultures 4: 405-416.

Sarfraz M, Dosdall LM and Keddie BA, 2006. Diamondback moth-host plant interactions: implications for pest management. Crop Protection 25: 625-639.

Sarfraz M, Dosdall LM, Keddie BA, 2005. Spinosad: a promising tool for integrated pest management. Outlooks on Pest Management 16: 78-84.

Sarfraz M, Keddie BA, 2005. Conserving the efficacy of insecticides against *Plutella xylostella* (L.) (Lep., Plutellidae). Journal of Applied Entomology 129: 149-157.

Sarfraz M, Dosdall LM, Keddie BA, 2006. Diamondback moth-host plant interactions: implications for pest management. Crop Protection 25: 625-639.

Sarfraz M, Keddie AB, Dosdall LM, 2005. Biological control of the diamondback moth, *Plutella xylostella*; a review. Biocontrol Science and Technology 15: 763-789.

Sarita N, Basweshwar S, Ghodki G, Lande K, Vrushali P and Atul ST, 2010. Inheritance of resistance and cross resistance pattern in indoxacarb-resistant diamondback moth *Plutella xylostella* L. Entomol. Res. 40: 18-25.

Sarnthoy O, Keinmeesuke P, Sinchaisri N, Nakasuji F, 1989. Development and reproductive rate of the diamondback moth *Plutella xylostella* from Thailand. Applied Entomology and Zoology 24: 202-208.

Schellhorn NA and Sork VL, 1997. The impact of weed diversity on insect population dynamics and crop yield in collards, *Brassica oleraceae* (Brassicaceae). Oecologia 111: 233-240.

Schmutterer H, 1992. Control of diamondback moth by application of neem extracts. In: Talekar NS (Ed.), Diamondback moth and other crucifers pests: Proceedings of the second International Workshop, Tainan, Taiwan, 10-14 December 1990, Asian Vegetable Research and Development Center. pp. 325-332.

Sereda B, Basson NCJ, Marais P, 1997. Bioassay of insecticide resistance in *Plutella xylostella* (L.) in South Africa. African Plant Protection 3: 67-72.

Shelton AM, 2004. Management of the diamondback moth: Déja vu all over again? In: Endersby N, Ridland PM (Eds.), The Management of Diamondback Moth and Other Crucifer Pests. Proceedings of the Fourth International Workshop on Diamondback Moth, 26–29 November 2001, Melbourne, Australia, pp. 3–8.

Shelton AM, Roush RT, Wang P, Zhao JZ, 2007. Resistance to insect pathogens and strategies to manage resistance: An update. In: Lacey, L., Kaya, H.K. (Eds.), Field Manual of Techniques in Invertebrate Pathology, second ed. Kluwer Academic Press, pp. 793–811.

Shelton AM, Wyman JA, Cushing NL, Apfelbeck K, Dennehy TJ, Mahr SER, 1993. Insecticide resistance of diamondback moth (Lepidoptera: Plutellidae) in North America. Journal of Economic Entomology 86: 11-19.

Shelton AM and Wyman JA, 1992. Insecticide resistance of diamondback moth in North America. In: Talekar N. S. (Ed.), Management of Diamondback moth and other crucifer pests: Proceedings of the 2 nd International Workshop, 10-14 December 1990, Tainan, Taiwan, Asian Vegetable Research and Development Center. pp. 447-454.

Shelton AM, 2004. Management of the diamondback moth: Déja vu all over again? pp. 3–8. In: Endersby N, Ridland PM (Eds.). The Management of Diamondback Moth and Other Crucifer Pests. Melbourne, Australia.

Shelton AM, Roush RT, Wang P and Zhao JZ, 2007. Resistance to insect pathogens and strategies to manage resistance: An update. In: Lacey, L., Kaya, H.K. (Eds.), Field Manual of Techniques in Invertebrate Pathology, second ed. Kluwer Academic Press, pp. 793–811.

Shepard BM, Carner GR, Barrion AT, Ooi PAC, Van Den Berg H, 1999. Insects and their natural enemies associated with vegetables and soybean in Southeast Asia. Quality Printing Company, Orangeburg, SC, 108 pp.

Shi Z, Liu S, Li Y, 2002. *Cotesia plutellae* parasitizing *Plutella xylostella* : Host age dependent parasitism and its effect on host development and food consumption. BioControl 47:499-511.

Shirai Y, 1995. Longevity, flight ability and reproductive performance of the diamondback moth *Plutella xylostella* (L.) (Lep.: Yponomeutidae), related to adult body size. Society of population Ecology, Tsukuba 305, Japan National Institute of Agro-environmental Sciences 37: 269-277.

Shirai Y, 2000. Temperature tolerance of the diamondback moth, *Plutella xylostella* (Lepidoptera: Yponomeutidae) in the tropic and temperate regions of Asia. Bulletin of Entomological Research 90: 357-364.

Silva-Torres CSA and Matthews RW, 2003. Development of *Melittobia australica* Girault and *Melittobia digitata* Dahms (Parker) (Hymenoptera: Eulophidae) parasitizing *Neobellieria bullata* (Parker) (Diptera: Sarcophagidae) puparia. Neotrop. Entomol. 32, 645–651.

Silva-Torres CSA, Barros R and Torres JB, 2009a. Effect of Age, Photoperiod and Host Availability on the Parasitism Behavior of *Oomyzus sokolowskii* Kurdjumov (Hymenoptera: Eulophidae). Neotropical Entomology 38:512-519.

Silva-Torres CSA, Filho ITR, Torres JB and Barros R, 2009b. Superparasitism and host size effects in *Oomyzus sokolowskii*, a parasitoid of diamondback moth. Entomol. Exp. Appl. 133: 65–73.

Silva-Torres CSA, Filho ITR, Torres JB and Barros R, 2009. Superparasitism and host size effects in *Oomyzus sokolowskii*, a parasitoid of diamondback moth. Entomologia Experimentalis et Applicata 133: 65–73.

Simmonds FJ, 1971. Report on a tour of Asian and Pacific countries. September 1970-January 1971. Commonwealth Agriculture Bureaux. 88 p.

Sivapragasan A and Saito T, 1986. A yellow sticky trap for the diamondback moth *Plutella xylostella* (L.) (Lep.: Yponomeutidae). Applied Entomology and Zoology 21: 328-333.

Slansky JF, 1986. Nutritional ecology of endoparasitic insects and their hosts: an overview. J. Insect Physiol. 32: 255–261.

Smeralda K, 2000. Etude du complexe parasitaire de *Plutella xylostella* (L.), Lepidoptera Plutellidae, et de son importance dans la production de choux en Martinique. Diplôme d'Agronomie Approfondie, ENSAM, Montpellier, France, 78 pp.

Smith DB and Sears MK, 1982. Evidence for dispersal of diamondback moth, *Plutella xylostella* (Lep.: Plutellidae), into Southern Ontario. Proceedings of the Entomological Society of Ontario 113: 21-27.

Smith L, 1993. Host size preference of the parasitoid *Anisopteromalus calandrae* (Hymenoptera: Pteromalidae) on *Sitophilus zeamais* (Col: curculionidae) larvae with a uniform age distribution. Entomophaga 38, 225–233.

Smith T J, Villet MH, 2002. Biological control of *Plutella xylostella* (L.), in cabbage fields in the eastern Cape, South Africa. In: Kirk A. A. and D. Bordat (eds.) Improving biocontrol of *Plutella xylostella* (L.). Proceedings of the International Symposium, Montpellier, France, pp. 242-246.

Sorribas C, 1999. Influence de populations d'origine géographiques différentes de *Plutella xylostella* (L.) (Lep. : Yponomeutidae) sur le pourcentage de parasitisme de *Cotesia plutellae* (K.) (Hym. : Braconidae). Maîtrise de Biologie des Populations et des Ecosystèmes, Université de Montpellier II, France. 10 p.

Sow G and Diarra K, 2013. Laboratory evaluation of toxicity of *Bacillus thuringiensis*, neem oil and methamidophos against *Plutella xylostella* L. (Lepidoptera: Plutellidae) larvae. International Journal of Biological and Chemical Sciences 7 (4): 1524-1533.

Sow G, Diarra K, Arvanitakis L, Bordat D, 2013a. The relationship between the diamondback moth, climatic factors, cabbage crops and natural enemies in a tropical area. Folia Horticulturae 25 (1) : 3 – 12.

Sow G, Niassy S, Sall-Sy D, Arvanitakis L, Bordat D, Diarra K, 2013b. Effect of timely application of alternated treatments of *Bacillus thuringiensis* and neem on agronomical particulars of cabbage. African Journal of Agricultural Research 8 (48): 6164 – 6170.

Sow G, Arvanitakis L, Niassy S, Diarra K, Bordat D, 2013c. Performance of the parasitoid *Oomyzus sokolowskii* (Hymenoptera: Eulophidae) on its host *Plutella xylostella* (Lepidoptera: Plutellidae) under laboratory conditions. International Journal of Tropical Insect Science 33 (1): 38 – 45.

Sow G, Arvanitakis L, Niassy S, Diarra K, Bordat D, 2013d. Life history traits of *Oomyzus sokolowskii* Kurdjumov (Hymenoptera: Eulophidae), a parasitoid of the diamondback moth. African Entomology 21 (2): 231-238.

Spencer JL, Pillai S, Bernays EA, 1999. Synergism in the oviposition behavior of *Plutella xylostella*: Sinigrin and wax componds. Journal of Insect Behavior 12 (4): 483-500.

Statview, 1996. Abacus Concepts, Version 4.55 for Windows, 1918 Bonita Avenue, Berkeley, CA 94704-1014, USA.

Strand MR and Pech LL, 1995. Immunological basis for compatibility in parasitoid-host relationships. Annu. Rev. Entomol. 40: 31–56.

Strand MR, 2000. *Developmental traits and life-history evolution in parasitoids*. In: Hochberg, M.E. and Ives, A.R. (Eds.) Parasitoid Population Biology. Princeton University Press, Princeton, USA, pp. 139–162.

Tabashnik BE, Liu YB, Finson N, Masson L, Heckels DG,1997. One gene in diamondback moth confers resistance to four *Bacillus thuringiensis* toxins. Proceedings of the National Academy of Sciences of the USA 94: 1640-1644.

Tabashnik BE, Cushing NL, Finson N, Johnson MW, 1990. Field development of resistance to *Bacillus thuringiensis* in Diamondback moth (Lepidoptera: Plutellidae). Journal of Economic Entomology 83:1671-1676.

Tabashnik BE, Cushing NL, Marshall WJ, 1987. Diamondback moth (Lep.: Plutellidae) resistance to insecticides in Hawaii: intra-island variation and cross-resistance. Journal of Economic Entomology 80: 1091-1099.

Tabashnik BF and Mau RFL, 1986. Suppression of Diamondback moth (Lepidoptera: Plutellidae) oviposition by overhead irrigation. Journal of Economic Entomology 79: 189-191.

Tabashnik BE, Finson N, Groeters FR, Moar WJ, Johnson MW, Luo K, Adang M, 1994. Reversal of resistance to *Bacillus thuringiensis* in *Plutella xylostella* Proceedings of National Academy of Sciences. USA 91: 4120-4124.

Talekar NS and Hu WJ, 1996. Characteristics of parasitism of *Plutella xylostella* (Lep., Plutellidae) by *Oomyzus sokolowskii* (Hym., Eulophidae). Entomophaga 41: 45–52.

Talekar NS and Shelton AM, 1993. Biology, Ecology and management of the diamondback moth. Annual Review of Entomology 38: 275-301.

Talekar NS and Yang JC, 1991. Characteristics of parasitism of diamondback moth by two larval parasites. Entomophaga 36:95-104.

Talekar NS and Hu WJ, 1996. Characteristics of parasitism of *Plutella xylostella* (Lep., Plutellidae) by *Oomyzus sokolowskii* (Hym., Eulophidae). Entomophaga 41, 45–52.

Talekar NS, Lee ST, Huang SW, 1986. Intercropping and modification of irrigation method for the control of diamondback moth. In: Talekar, N.S. (Ed.), Diamondback Moth Management. Proceedings of the First International Workshop, 11–15 March 1985. Asian Vegetable Research and Development Center, Tainan, Taiwan, pp. 145–151.

Tang JD, Collins HL, Roush RT, Metz TD, Earle ED, Shelton AM, 1999. Survival, weight gain, and oviposition of resistant and susceptible *Plutella xylostella* (Lep.: Plutellidae) on broccoli expressing Cry 1Ac toxin of *Bacillus thuringiensis*. Journal of Economic Entomology 92: 47-55.

Thiam A, 2001. Eléments pour la lutte intégrée contre les ennemis des cultures en Afrique Soudano Sahélienne. Pesticide Action Network (PAN) Africa. 207p.

Thompson SN, 1993. *Redirection of host metabolism and affects on parasite nutrition*. In: Beckage, N.E., Thompson, S.N. and Federicci, B.A. (Eds.) Parasites and Pathogens of Insects. Academic Press Inc, San Diego, USA, vol. 1, pp. 125–144.

Traynor RE and Mayhew PJ, 2005. A comparative study of body size and clutch size across the parasitoid Hymenoptera. Oïkos 109: 305-316.

Ueno T and Tanaka T, 1997. Comparison between primary and secondary sex ratios in parasitoid wasps using a method for observing chromosomes. Entomol. Exp. Appl. 82: 105–108.

Uraichuen J, 1999. Compétition de deux espèces de parasitoïdes *Cotesia plutellae* (Kurdjumov) et *Oomyzus sokolowskii* (Kurdjumov) sur un même hôte ; les chenilles de la teigne des Brassicacées, *Plutella xylostella* (Linné). Mémoire de Maîtrise de Biologie des Populations et des Ecosystèmes. UM II Sciences et Techniques du Languedoc. 19 p.

van Alphen JJM, Bernstein C and Driessen G, 2003. Information acquisition and time allocation in insect parasitoids. Trends Ecol. Evol. 18: 81 – 87.

van Baaren J and Nénon JP, 1996. Intraspecific larval competition in two solitary parasitoids, *Apoanagyrus (Epidinocarsis) lopezi* and *Leptomastix dactylopii*. Entomologia Experimentalis et Applicata 81: 325-333.

Van Driesche RG and Jr. Bellows TS, 1996. Biological Control. Chapman and Hall, New York.

Van Frankenhuyzen K, 2000. Application of *Bt* in forestry. In: Entomopathogenic Bacteria: from Laboratory to Field Application. Francois, J., Delecluse, A., Nielsen-LeRoux, C. (Eds.), Kluwer Academic Publishers, Dordrecht, The Netherlands.

van Loon JJA, Wang CZ, Nielsen JK, Gols R and Qiu YT, 2002. Flavonoids from cabbage are feeding stimulants for diamondback moth larvae additional to glucosinolates: Chemoreception and behaviour. Entomol. Exp. Appl. 104, 27-34.

Vandermeer J, 1995. The ecological basis of alternative agriculture. Annual Review of Ecology System 26: 201-224.

Verkerk RHJ, Wright DJ, 1996. Multitrophic interactions and management of the diamondback moth: a review. Bulletin Entomological Research 86: 205–216.

Vet L, Lewis WJ, Carde RT, 1995. Parasitoid foraging and learning. In: Chemical ecology of insects 2, pp. 65-101. Carde RT and Bell WJ (Eds.), Chapman and Hall, New York.

Vickers RA, Furlong MJ, White A, Pell JK, 2004. Initiation of fungal epizootics in Diamondback moth populations within a large field cage: proof of concept of auto-dissemination. Entomologia Experimentalis et Applicata 111: 1-17.

Vinson SB, 1976. Host selection by insect parasitoids. Annual Review of Entomology 21: 109-133.

Vinson SB and Iwantsch GF, 1980. Host suitability for insect parasitoids. *Ann Rev Entomol* 25: 397–419.

Vostrikov P, 1915. Tomatoes as insecticides. The importance of Solanaceae in the control of pests of agriculture. Novotcherkossk 10: 9-12.

Wajnberg E, Bernhard P, Hamelin F, Boivin G, 2006. Optimal patch time allocation for time-limited foragers. Behavioral Ecology and Sociobiology 60: 1-10.

Wakisaka S, Tsukuda R, Nakasuji F, 1992. Effects of natural enemies, rainfall, temperature and host plants on survival and reproduction of the diamondback moth. In: Talekar N. S. (Ed.), Management of Diamondback moth and other crucifer pests: Proceedings of the 2 nd International Workshop, 10-14 December 1990, Tainan, Taiwan, Asian Vegetable Research and Development Center. pp. 15-26.

Waladde SM, Leutle MF, Villet MH, 2001. Parasitism of *Plutella xylostella* (Lepidoptera: Plutellidae): Field and Laboratory Observations. South African Journal of Plant and Soil 18 (1): 32-37.

Wang X, Liu S, Gao S and Lin W, 1999. Effect of host stages and temperature on population parameters of *Oomyzus sokolowskii*, a larval-pupal parasitoid of *Plutella xylostella*. BioControl 44, 391–402.

Wang XG, Liu SS, Guo SJ, Lin WC. 1999. Effects of host stages and temperatures on population parameters of *Oomyzus sokolowskii*, a larval-pupal parasitoid of *Plutella xylostella*. BioControl 44:391-402.

Warwick SI, Francis A, Mulligan GA. 2003. Brassicaceae of Canada. Government of Canada. Available: http://www.cbif.gc.ca/spp_pages/brass/index_e.php.

Waterhouse DF and Norris KR, 1987. Biological control-Pacific prospects. Melbourne, Australia: Inkata Press.

Wenseleers T and Billen J, 2000. No evidence for Wolbachia-induced parthenogenesis in the social Hymenoptera. J. Evol. Biol. 13: 277-280.

Wilding N, 1986. Pathogens of diamondback moth and their potential for its control: a review. In: Talekar, N.S., Griggs, T, D. (Eds.), Diamondback Moth Management. Asian Vegetable Research Institute, Taiwan, pp. 219–232. Proceedings of the First International Workshop, 11–15 Mar 1985, Tainan, Taiwan.

Wojciechowska R, and Leja M, 1999. Physiological response of cabbage leaves (*Brassica oleracea* var. capitata) to stress of mechanical damage. Zeszyty Problemowe Postepow Nauk Rolniczych 469: 657-662.

Wright D, Iqbal M, Granero F, Ferré J, 1997. A change in the single receptor in diamondback moth (*Plutella xylostella*) is only in part responsible for field resistance to *Bacillus thuringensis* sbs. *kurstaki* and *B. thuringiensis* sbs. *aizawi*. Appl. Environ. Microbiol. 63: 1814–1819.

Wright D, 2004. Biological control of DBM: a global perspective. In *Improving Biocontrol of Plutella xylostella*, Bordat D, Kirk AA (eds). Proceedings of the International Symposium, 21–24 Oct 2002, Montpellier, France; 9–14.

Wright D, 2002. Biological control of DBM: a global perspective, pp. 9–14. *In* D. Bordat and A. A. Kirk [eds.], Improving Biocontrol of *Plutella xylostella*, Montpellier, France.

Xu Y, Liu T, Leibee GL, Jones WA, 2004. Effects of selected insecticides on *Diadegma insulare* (Hymenoptera: Ichneumonidae), a parasitoid of *Plutella xylostella* (Lepidoptera: Plutellidae). Biocontrol Science and Technology 14: 713-723.

Yamada H and Umeya K, 1972. Seasonal changes in wing length and fecundity of the diamondback moth, *Plutella xylostella* (L.). Japanese Journal of Applied Entomology and Zoology 16: 180-186.

Yamada YY and Miyamoto K, 1998. Pay off from self and conspecific superparasitism in a dryinid parasitoid, *Haplogonatopus atratus*. Oikos 81: 209–216.

Yasuda K and Tsurumachi M, 1995. Influence of male adults of the leaf-footed plant bug, *Leptoglossus australis* (Fabricius) (Heteroptera: Coreidae), on host-searching of the parasitoid, *Gryon pennsylvaricum* (Ashmead) (Hymenoptera: Scelionidae). Applied Entomology and Zoology 30: 139–144.

You MS, Yang G, 2001. Physiological stress reaction of Chinese cabbage, *Brassica chinensis*, infested by diamondback, *Plutella xylostella*. Insect Science 8: 131-140.

Zalucki JM and Furlong MJ, 2011. Predicting outbreaks of a major migratory pest: an analysis of diamondback moth distribution and abundance revisited. See Ref. 161, pp. 8–14.

Zaviezo T and Mills N, 2000. Factors influencing the evolution in clutch size in a gregarious insect parasitoid. J. Anim. Ecol. 61: 1047–1057.

Zhou L, Huang J and Xu H, 2011. Monitoring resistance of field populations of diamondback moth *Plutella xylostella* L. (Lepidoptera: Yponomeutidae) to five insecticides in South China: A ten-year case study. Crop Protection 30: 272-278.